手縫 俏皮の不織布動物造型小物

CONTENTS

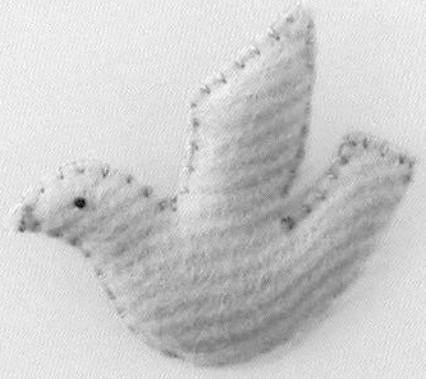

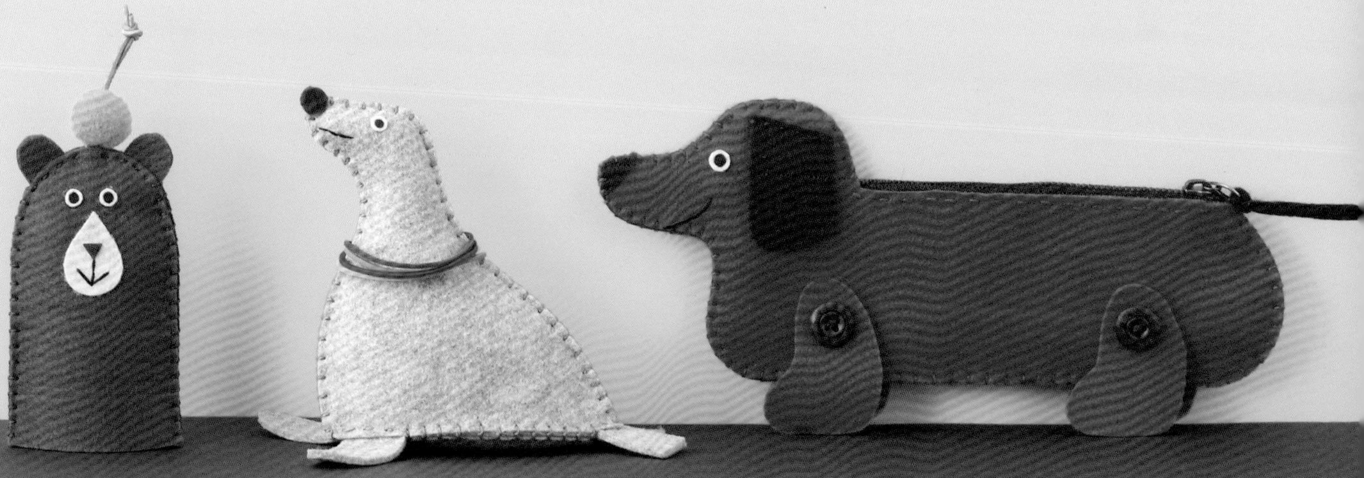

小熊&
小狗鑰匙收納包

將鑰匙完全收納其中的鑰匙收納包。
運用不同顏色的不織布製作，
就能作出家族系列的收納包喔！

小熊の作法 ▶ P.33
小狗の作法 ▶ P.34

小狗
票卡夾

適合收納各式各樣的卡片,
如集點卡或掛號卡等。
依據收納的品項,
試著以不同的顏色製作也很不錯。

作法 ▶ P.35

02

03

小狗
智慧型手機套

對於螢幕容易刮傷的智慧型手機而言,
厚實的不織布正好能夠達到保護的效果。
運用喜歡的顏色,
作出自己喜歡的模樣吧!

作法 ▶ P.35

※ 作品為適合iphone6的尺寸。其他機種的
　智慧型手機,請自行調整尺寸製作喔!

企鵝
眼鏡收納包

將企鵝的頭「啪」的拔起＆放入眼鏡，
就能保護鏡片不受到傷害。
可愛的小小翅膀，
也可以啪噠啪噠地擺動唷！

作法 ▶ P.36

05

小熊
名片夾

活用小熊的輪廓製作而成的名片夾。
可以將自己的名片&對方的名片
分別收放在兩側。
也可以放入自己想要放的卡片。

作法 ▶ P.37

06

小鳥置物盒

彷若浮在水面般的小鳥置物盒。
因為長寬＆深度都很足夠，
擁有超乎意料的收納容量。

作法 ▶ P.37

馬兒抱枕

作法看似很難，
但鬃毛&尾巴都是以不織布製作而成，
實際上非常簡單。
配合沙發的顏色&圖案，
變化不織布的顏色也很有趣喔！

作法 ▶ P.38

08

貓咪包

隨時可以一起拎出門的貓咪包。
運用自己喜歡顏色的不織布
&作出自己喜歡的貓咪表情，
就能完成獨一無二的貓咪先生。

作法 ▶ P.39

蝴蝶髮圈

只要掌握鬆緊帶的縫法訣竅，
製作起來就非常簡單的蝴蝶髮圈。
請享受顏色變化的樂趣吧！

作法 ▶ P.40

小狗&
老鼠&
貓咪胸針

適合作為簡單的洋裝或包包的亮點。
因為是一款非常簡單的裝飾，
當成禮物也很適合。

作法 ▶ P.40

松鼠餐墊

氣色絕佳的松鼠先生&彩色的橡實們，
為用餐時間增添了更多的樂趣。

作法 ▶ P.41

11

12

綿羊餐墊

將白色不織布隨意地
以剪刀喀擦喀擦地裁剪。
試著享受作出各種顏色的綿羊的樂趣吧！

作法 ▶ P.41

老鼠隔熱墊

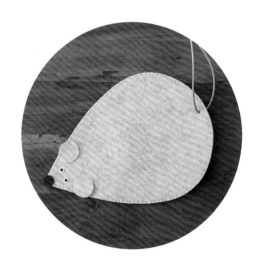

13

和老鼠先生一起度過快樂的午茶時間。

因為尾巴是以皮繩製作而成，

不使用的時候，也可以掛在牆壁上當成裝飾。

作法 ▶ P.42

14

貓咪
咖啡杯套

為了避免被熱呼呼的熱飲燙傷，
為雙手提供安全保護的作品。
只需要以白膠黏合，簡單即可完成。

作法 ▶ P.42

※約為M尺寸的咖啡杯。

海獺
餐具收納盒

負責收納大家使用的餐具的海獺。
將兩隻手「啪」地張開的模樣，
逗得大家笑呵呵。

作法 ▶ P.43

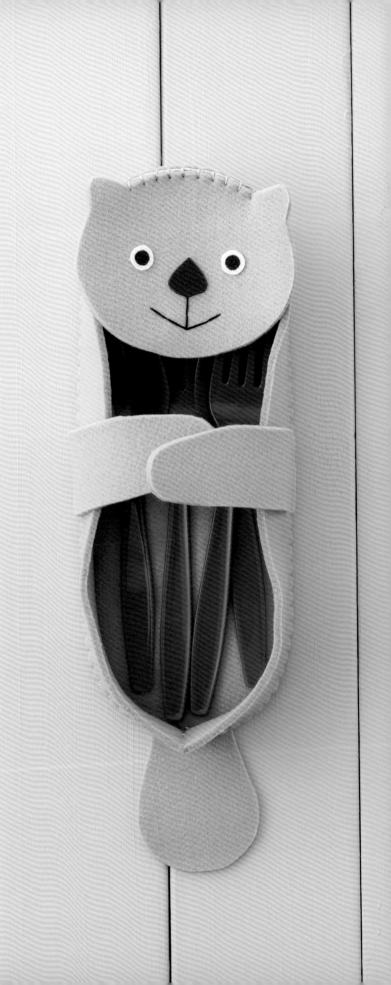

獅子
寶特瓶袋

療癒人心的表情&加上尾巴的袋子背面，
這是一款充滿細節的可愛獅子寶特瓶袋。
提把是以釦子「啪」地扣上，
因此也可以直接掛在包包的提把上。

作法 ▶ P.44

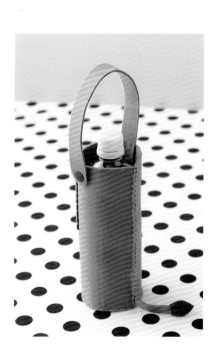

狐狸
圍兜兜

對於容易將衣服弄髒的小嬰兒而言，
這是一款很實用的可愛圍兜兜。
因為是以不織布為素材製作而成，
觸感柔軟，可以放心使用。

作法 ▶ P.45

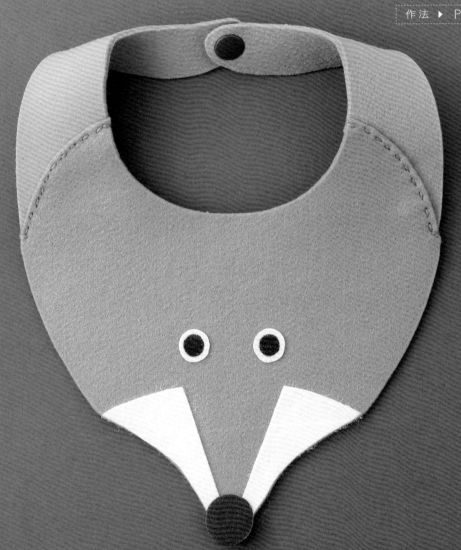

動物
手指偶

小豬、小熊、老鼠、兔子、獅子，
動物同伴們一起快樂地玩耍！
全家人一起玩耍的時候，
可以試著編織出各式各樣的故事喔！

作法 ▶ P.46

 19

老鼠
斜背包

適合小朋友外出使用的小巧輕便斜背包。
也可以搭配衣服，作出不同顏色的款式。

作法 ▶ P.47

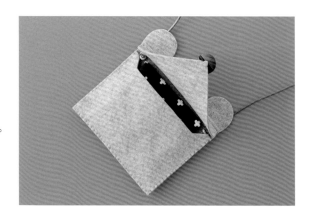

河馬手偶

「啪」——地打開大嘴巴，
愛講話的河馬先生。
可以運用不同顏色&不同尺寸製作，
不管是大人或小孩都能樂在其中。

作法 ▶ P.47

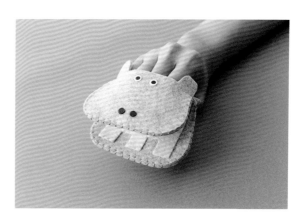

貓咪&
老鼠書籤

21

夾在閱讀記錄的書頁上，就會悄悄地露出小臉。
只需要裁剪&以白膠黏合！
非常簡單就可以製作完成。

作法 ▶ P.48

狐狸書衣

22

適合文庫本的狐狸書衣。
活動式的尾巴可以當成書籤使用。

作法 ▶ P.49

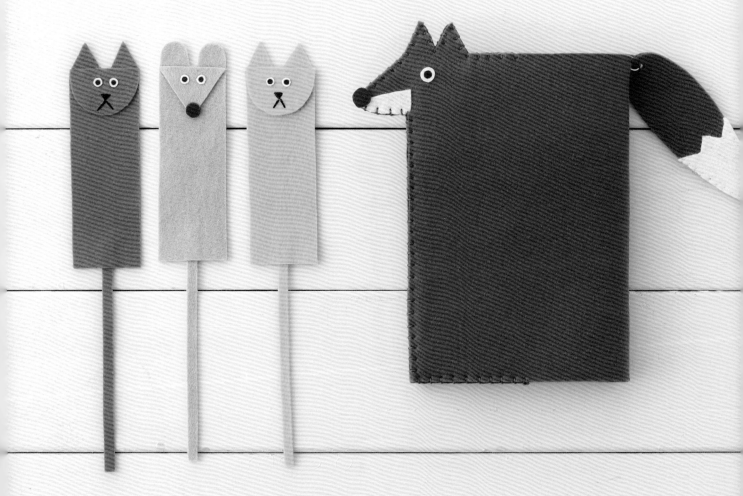

企鵝紙鎮

為了避免重要的文件或留言丟失，
就將這個重責大任
交給擔任看守員的企鵝先生吧！

作法 ▶ P.50

23

北極熊
留言板

今天的菜單、工作的報告、
學校發生的事、
想要與家人分享的有趣情報……
所有想要對大家説的話,
都先説給北極熊先生聽吧!

作法 ▶ P.50

25

袋鼠信插

將重要之人寄來的信件
放入袋鼠的育兒袋裡保管吧！
袋鼠寶寶則是隔層功能的設計。
也可以掛在牆壁上，
當成小東西置物袋使用。

作法 ▶ P.51

臘腸狗筆袋

活用臘腸狗長長的身體輪廓
製作而成的筆袋。
以鈕釦固定的手腳可以自由擺動，
看起來就好像在散步一樣，非常有趣！

作法 ▶ P.52

27

長頸鹿
筆筒

脖子長長的長頸鹿先生筆筒。
為了避免放入鉛筆的時候東倒西歪，
請將果醬瓶等容器放在筆筒裡面。
長頸鹿的斑紋根據個人喜好製作也OK喔！

作法 ▶ P.53

海獅
橡皮筋架

將容易散落四處的橡皮筋
套在海獅先生的頸部,
作好確實收納。
套上彩色的橡皮筋,
開辦一場海獅的表演秀吧!

作法 ▶ P.54

28

小鳥
磁鐵

中間&左邊的小鳥
僅改變羽毛的顏色,
但完成的作品看起來卻各有各的可愛。
以不同的顏色作出許多小鳥,
貼在冰箱&白板上會變得很熱鬧。

作法 ▶ P.55

綿羊
耳機捲線器

將容易纏在一起的耳機線,
捲捲捲&「啪」地固定,
就變成毛絨絨的綿羊囉!

作法 ▶ P.55

松鼠波奇包

在松鼠臉部裡面放入小東西，
松鼠就會好像吃了很多東西般，
鼓起可愛的兩頰。
也可以加上皮繩，作成小朋友的斜背小包包喔！

作法 ▶ P.56

放入小物的模樣

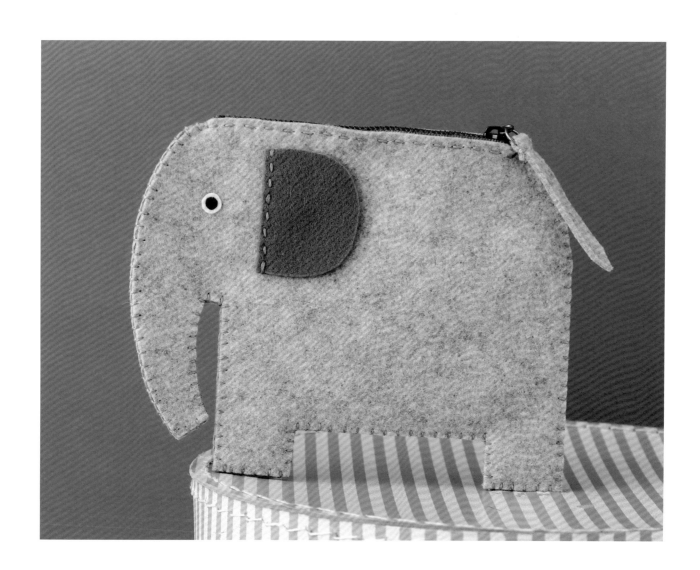

大象波奇包

長長鼻子的標準形象＆穩重的站姿，
看起來很值得依靠的大象先生。
拉環則變身成尾巴。

作法 ▶ P.57

放入小物的模樣

兔子波奇包

(33)

微笑的表情&

啪嗒啪嗒擺動著耳朵的兔子波奇包。

只有尾巴是以羊毛氈作出鬆軟的模樣。

作法 ▶ P.58

刺蝟波奇包

放入小物的模樣

即使是鋸齒狀的背部輪廓，
只要以鋸齒剪刀裁剪即可，作法非常簡單。
背部一根根的刺針，
若能縫出不一致的感覺，會更加可愛喔！

作法 ▶ P.59

本書作品使用的基本繡法

以下四種繡法請務必熟練喔！

毛毯繡

將兩片不織布確實地對齊縫合，可防止作品的布邊綻開。

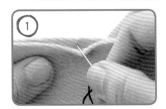

從不織內側留下打結處＆穿出針。

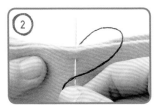

從出針的對向位置穿入針，將兩片不織布對齊縫緊在一起。

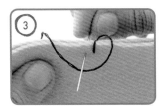

從正面側穿入針，並將線捲繞至針的下方。

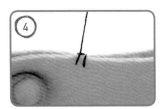

將線拉緊，就會呈現出沿著不織布外側輪廓連接的直向線條。請反覆進行此步驟。

法國結粒繡

想要作出動物的眼睛或鼻子等小小的部位時，最適合的繡法。

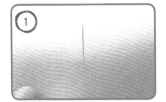

從不織布的背面側出針。

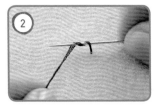

將線繞針兩圈。

在靠近出針的位置穿入針，直接將線拉緊＆穿出針。

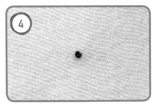

將線拉緊就會形成小小的團塊狀，但若線缺乏張力，就無法成形，請特別注意。

回針繡

將縫合處的間隔連接起來，可以縫出像是一條漂亮的直線條般的效果。

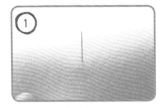

從不織布的背面側穿出針。

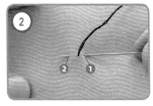

將針穿入❶的位置，從❷的位置出針。

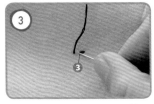

出針之後，再從❸的位置入針。

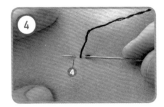

從❹的位置出針，並反覆進行以上步驟。

平針繡

使正面側＆背面側的線條保持相同間距的繡法。

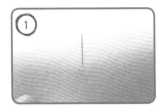

從不織布的背面側出針。

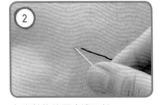

在出針的位置旁邊入針。

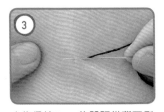

大約保持5mm的間距從背面側出針。

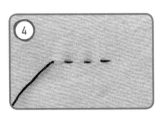

反覆進行以上步驟後出針。

基本工具

不織布
根據不同的作品，使用的不織布厚度也有所不同，請特別留意！

繡線（25號）
一般粗細的繡線。使用和不織布相同的顏色。

來準備製作作品的工具吧！

線剪
以一般的剪刀不易裁剪繡線，但使用線剪將會相當方便。

刺繡針
請配合繡線的條數選用專用針。

布剪
將本書使用的厚不織布＆細部組件進行裁剪時的必備工具。

油性筆（黑色·咖啡色）
用於畫出動物的黑眼球。

手工藝用白膠
用於將臉部的組件貼在不織布上。

水消筆
在不織布上繪製紙型時，使用水消筆會很方便。

開始挑戰製作吧！

動手試作小熊鑰匙收納包！

材料

不織布
咖啡色·厚2mm（身體·耳朵）
…15cm×寬14cm
白色·厚1mm（嘴部周圍）
…3.5cm×寬3cm

硬質不織布
白色·厚1mm（眼睛）…少許
咖啡色·厚1mm（鼻子）…少許

繡線
25號繡線·咖啡色
25號繡線·嘴巴用 深咖啡色

其他
黑色油性筆
不織布用白膠
皮繩（1.5mm）…35cm
鑰匙圈…1個
不織布球（2cm）…1個
※以羊毛＆戳針戳出圓球取代不織布球也OK。
錐子
皮革針
（緞帶繡專用針等）
平口鉗

如果覺得製作眼睛比較困難，在手工藝店購買現成的「活動眼睛」零件使用也OK。

① 根據P.60的紙型裁剪不織布。

② 在嘴部周圍部分的不織布上以回針繡（3股）縫上嘴巴＆以白膠貼上鼻子，再在裁成圓形的白色不織布上以油性筆畫出黑眼球，將眼睛＆嘴部周圍的組件取最佳位置，以白膠貼在身體上。

③ 根據紙型的位置，將耳朵夾入身體的正面和背面之間，以毛毯繡將兩片身體縫合至耳朵下方，再以平針繡縫合耳朵的部分。

※為了在頭頂處穿入皮繩，請預留5mm左右的縫隙備用。

④ 以平口鉗將皮繩的前端壓平穿過縫針。

⑤ 為了穿過皮繩，在不織布球上以錐子鑽出兩個洞，以縫針將皮繩穿過不織布球其中一邊的洞。再從小熊頭頂的縫隙處入針，穿過鑰匙圈，再從頭頂穿出，將皮繩再次穿過不織布球。

⑥ 將皮繩收攏整齊＆打結固定。

※如果皮繩不容易穿過不織布球，以平口鉗拉扯縫針會比較輕鬆。

01 小熊＆小狗鑰匙收納包（小狗）

（▶紙型參見P.60）

材料 （尺寸：長10cm×寬7cm）

織布
米色·厚2mm（身體·耳朵）…17cm×寬15cm
咖啡色·厚1mm（鼻子）…2cm×寬3cm

硬質不織布
白色·厚1mm（眼睛）…少許

繡線
25號繡線·米色
25號繡線·嘴巴＆鬍鬚用 深咖啡色

其他
咖啡色油性筆
不織布用白膠
皮繩（1.5mm）…35cm
鑰匙圈…1個
不織布球（2cm）…1個
※以羊毛＆戳針戳出圓球取代不織布球也OK。
錐子
皮革針（緞帶繡專用針等）
平口鉗

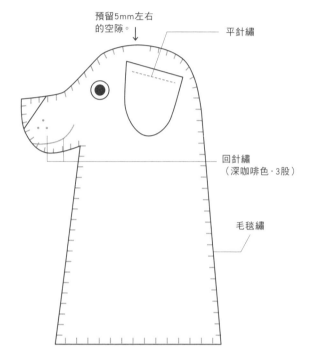

預留5mm左右
的空隙。

平針繡

回針繡
（深咖啡色·3股）

毛毯繡

作法

① 根據P.60的紙型，裁剪不織布。

② 在裁成圓形的白色不織布上，以油性筆畫出黑眼球，再以白膠貼在身體的正面側＆背面側。

③ 以白膠將鼻子貼在身體的正面側＆背面側，再以平針繡將耳朵縫在身體的正面側＆背面側。

④ 以回針繡（3股）各別縫出嘴巴＆鬍鬚的點點。

⑤ 將兩片身體對齊重疊，以毛毯繡縫合。為了穿過皮繩，在頭頂處保留5mm左右的空隙。

⑥ 以平口鉗將皮繩的前端壓平，穿過皮革針的洞。

⑦ 為了穿過皮繩，以錐子在不織布球上鑽出兩個洞。

⑧ 以針將皮繩穿過不織布球其中一邊的洞後，從小狗頭頂處預留的空隙位置入針＆穿過鑰匙圈，再從頭頂處穿出，並將皮繩穿過不織布球的另一個洞。

⑨ 將皮繩收攏＆打結固定。

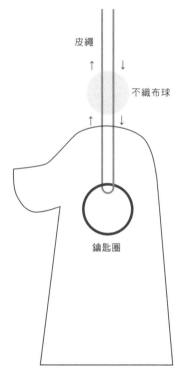

皮繩

不織布球

鑰匙圈

02 小狗票卡夾

(▶紙型參見P.60)※作法參見「小狗智慧型手機套」。

材料 寬型（尺寸：長6.3cm×寬9.3cm）

不織布
紅色·厚2mm（身體）…15cm×寬12cm
咖啡色·厚1mm（耳朵）…5cm×寬3cm

硬質不織布
白色·厚1mm（眼睛）…少許
咖啡色·厚1mm（鼻子）…少許

繡線
25號繡線·紅色
25號繡線·咖啡色
25號繡線·嘴巴用 深咖啡色

其他
咖啡色油性筆
不織布用白膠

材料 長型（尺寸：長9.3cm×寬6.3cm）

不織布
黃色·厚2mm（身體）…15cm×寬12cm
咖啡色·厚1mm（耳朵）…5cm×寬3cm

硬質不織布
白色·厚1mm（眼睛）…少許
咖啡色·厚1mm（鼻子）…少許

繡線
25號繡線·黃色
25號繡線·咖啡色
25號繡線·嘴巴用 深咖啡色

其他
咖啡色油性筆
不織布用白膠

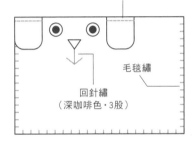

平針繡（咖啡色）

毛毯繡

回針繡
（深咖啡色·3股）

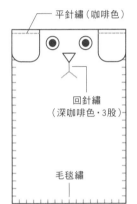

平針繡（咖啡色）

回針繡
（深咖啡色·3股）

毛毯繡

03 小狗智慧型手機套

(▶紙型參見P.61)

材料 （尺寸：長14cm×寬8cm）

不織布
水藍色·厚2mm（身體）…18cm×寬15cm
咖啡色·厚1mm（耳朵）…7cm×寬3cm

硬質不織布
白色·厚1mm（眼睛）…少許
咖啡色·厚1mm（鼻子）…少許

繡線
25號繡線·水藍色
25號繡線·咖啡色
25號繡線·嘴巴用 深咖啡色

其他
咖啡色油性筆
不織布用白膠

作法 （票卡夾＆智慧型手機套的作法通用）

① 根據P.60、P.61的紙型，裁剪不織布。

② 以油性筆在裁成圓形的不織布上畫出黑眼球，再以白膠貼在臉部。

③ 以回針繡（3股）縫出嘴巴。

④ 以白膠貼上鼻子。

⑤ 以平針繡縫上耳朵。

⑥ 以毛毯繡將身體對齊縫合。

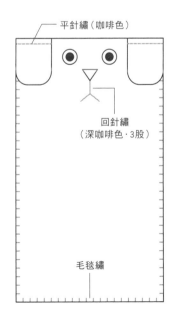

平針繡（咖啡色）

回針繡
（深咖啡色·3股）

毛毯繡

04 企鵝眼鏡收納包

（▶紙型參見P.61）

材料 （尺寸：長16cm×寬12.5cm）

不織布
黑色·厚2mm（身體·頭部·翅膀）
…30cm×寬30cm
白色·厚1mm（腹部）…17cm×寬12cm
黃色·厚1mm（鳥嘴）…少許

硬質不織布
白色·厚1mm（眼睛）…少許

繡線
25號繡線·黑色
25號繡線·白色

其他
黑色油性筆
不織布用白膠

作法

① 根據P.61的紙型，裁剪不織布。

② 以油性筆在裁成圓形的白色不織布上畫出黑眼球，再以白膠貼在頭部的正面側＆背面側。

③ 以白膠將鳥嘴貼在頭部的正面側＆背面側的鳥嘴位置。

④ 將頭部的不織布對齊重疊，從頭部後側的〔起縫位置〕開始，以毛毯繡對齊縫合。

⑤ 對合〔腹部重疊位置〕，僅在身體的正面側＆背面側以立針縫（白色·3股）各別縫合腹部的直線處。

⑥ 如圖示位置對合翅膀＆以平針繡接縫固定。

⑦ 將腹部＆一片身體，以毛毯繡將身體的正面側＆背面側各別對齊縫合至圖示中的〔身體對齊縫合起始位置〕。

⑧ 將身體的正面側＆背面側和腹部一起從圖示中的〔身體對齊縫合起始位置〕至〔身體對齊縫合止縫位置〕，以毛毯繡對齊縫合（白色部分使用白色繡線，黑色部分使用黑色繡線）。

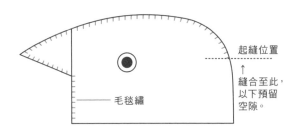

起縫位置
↑
縫合至此，
以下預留
空隙。

毛毯繡

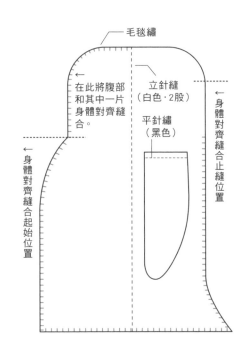

毛毯繡

在此將腹部
和其中一片
身體對齊縫
合。

立針縫
（白色·2股）

平針繡
（黑色）

身體對齊縫合止縫位置

身體對齊縫合起始位置

立針縫

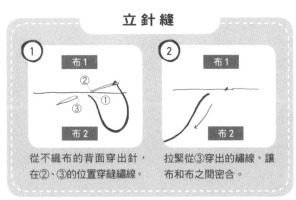

① 布1
② ① ③
布2
從不織布的背面穿出針，在②、③的位置穿縫繡線。

② 布1
布2
拉緊從③穿出的繡線，讓布和布之間密合。

05 小熊名片夾

（▶紙型參見P.62）

材料 （尺寸：長8.5cm×寬13cm）

不織布
咖啡色·厚2mm（身體·夾層）…26cm·寬18cm

硬質不織布
白色·厚1mm（眼睛）…少許
黑色·厚1mm（鼻子）…少許

繡線
25號繡線·咖啡色

其他
黑色油性筆
不織布用白膠

作法

① 根據P.62的紙型，裁剪不織布。

② 以油性筆在裁成圓形的白色不織布上畫出黑眼球＆以白膠貼在身體上，再以白膠貼上裁成鼻子形狀的黑色不織布＆耳朵。

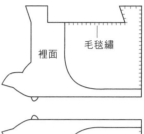

③ 將夾層用的身體重疊在夾層位置上，各別以毛毯繡對齊縫合。

④ 對合小熊的背部，以毛毯繡從耳朵後面對齊縫合至屁股的位置。

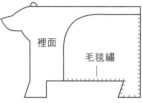

06 小鳥置物盒

（▶紙型參見P.62）

材料 （尺寸：長11cm×寬16cm）

不織布
水藍色·厚2mm（身體·底部）…35cm×寬18cm
白色·厚1mm（鳥嘴）…5cm×寬3cm

硬質不織布
白色·厚1mm（眼睛）…少許

繡線
25號繡線·水藍色
25號繡線·紋路用 白色

其他
咖啡色油性筆
不織布用白膠

作法

① 根據P.62的紙型，裁剪不織布。

② 以油性筆在裁成圓形的白色不織布上畫出黑眼球，再以白膠貼在身體的正面側＆背面側。

③ 以白膠將鳥嘴貼在身體的正面側＆背面側的鳥嘴位置。

④ 以鎖鏈繡（5股）在身體的正面側＆背面側縫出羽毛的紋路。

⑤ 將兩片身體對齊重疊，如圖示對齊＆以毛毯繡縫合。身體縫合完成之後，將底部＆身體以毛毯繡對齊縫合。

鎖鏈繡

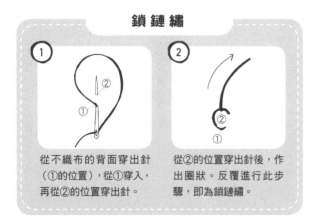

① 從不織布的背面穿出針（①的位置），從①穿入，再從②的位置穿出針。

② 從②的位置穿出針後，作出圈狀。反覆進行此步驟，即為鎖鏈繡。

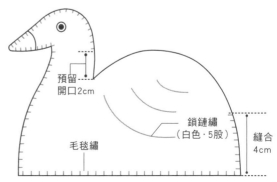

預留開口2cm

鎖鏈繡（白色·5股）

縫合4cm

毛毯繡

07 馬兒抱枕

(▶紙型參見P.63)

材料　（尺寸：長34.5cm×寬25cm　※不包含尾巴）

不織布
咖啡色·厚2mm（身體·耳朵）…50cm×寬37cm
橄欖綠·厚2mm（瀏海·鬃毛·尾巴）
…19cm×寬18cm

硬質不織布
白色·厚1mm（眼睛）…少許
黑色·厚1mm（鼻子）…少許

繡線
25號繡線·咖啡色
25號繡線·嘴巴用 深咖啡色

其他
咖啡色油性筆
不織布用白膠
棉花（約100g）
筷子等前端細細的棒子

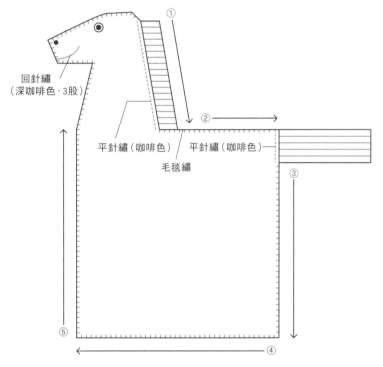

回針繡
（深咖啡色·3股）

平針繡（咖啡色）　平針繡（咖啡色）

毛毯繡

作法

① 根據P.63的紙型，裁剪不織布。

② 以油性筆在裁成圓形的白色不織布上畫出黑眼球，再以白膠貼在身體的正面側＆背面側。

③ 以白膠將鼻子貼在身體的正面側＆背面側，再在身體的正面側＆背面側各別以回針繡（3股）縫出嘴巴。

④ 將紙型中鬃毛的灰色部分夾入身體的正面側＆背面側之間，以平針繡對齊縫合。

⑤ 根據圖示①至⑤的步驟，以毛毯繡對齊縫合。

⑥ 尾巴沿著切口直向對摺，夾入身體的正面側＆背面側之間，以平針繡將尾巴對齊縫合。

⑦ 對齊縫合至頸部的根部附近（塞入棉花時，手可以伸進去的程度），再將棉花塞入身體中。塞入棉花之後，從上而下將頸部以毛毯繡對齊縫合。

⑧ 縫至頭部之後，以筷子等前端細細的棒子，將臉部也塞入棉花。充棉完成之後，全部以毛毯繡對齊縫合。

⑨ 以白膠黏貼馬兒的瀏海，並在耳朵下方兩處縫合固定。

在黏份處塗上白膠後貼合。

在耳朵下方兩處縫合固定。

貓咪包

······•·······•·······•·······•·······
（▶紙型參見P.64）

材料 （尺寸：長26cm×寬30cm）

不織布
綠色·厚2mm（身體·底部·尾巴·提把）
···87cm×寬34cm
白色·厚1mm（嘴部周圍）···7cm×寬10cm

硬質不織布
白色·厚1mm（眼睛）···少許
黑色·厚1mm（鼻子）···少許

繡線
25號繡線·綠色
25號繡線·白色
25號繡線·嘴部周圍用 黑色

其他
黑色油性筆
不織布用白膠

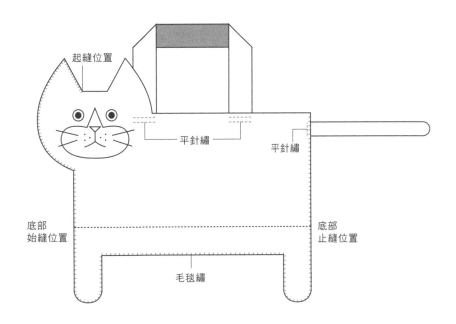

作法

① 根據P.64的紙型，裁剪不織布。

② 以回針繡（3股）將嘴巴＆鬍鬚的點點縫在嘴部周圍部分的不織布上，再以白膠貼上鼻子。

③ 將②以白膠將貼在臉部。

④ 將③以立針縫（3股）縫在身體上。

⑤ 以回針繡（2股）縫出鬍鬚。

⑥ 以油性筆在裁成圓形的白色不織布上畫出黑眼球，再以白膠貼在臉部。

⑦ 從圖中的〔始縫位置〕開始，以毛毯繡將身體對齊縫合。

⑧ 縫到底部的接縫位置時，將底部對摺＆夾入身體的正面側和背面側之間，以毛毯繡將身體＆底部對齊縫合。

⑨ 縫至〔尾巴縫合位置〕時，將尾巴夾入身體間，以平針繡縫合。

⑩ 全部縫合完成之後，將提把對齊〔提把縫合位置〕，以平針繡與身體對齊縫合（確實地以上下兩道縫線縫牢）。

回針繡
（黑色·3股）

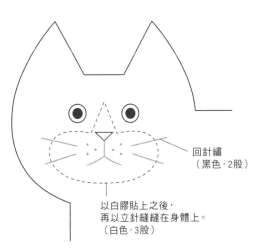

回針繡
（黑色·2股）

以白膠貼上之後，
再以立針縫縫在身體上。
（白色·3股）

09 蝴蝶髮圈

（▶紙型參見P.65）

捲針縫

③的穿線說明

皮繩

線

以平口鉗
確實對摺。

材料 寬型（尺寸：長2.5cm×寬4.5cm）

不織布
薰衣草紫·厚2mm（翅膀）…3cm×寬3cm
橘色·厚2mm（翅膀）…3cm×寬3cm

繡線
25號繡線·黃色（3股）

不織布
土黃色·厚2mm（翅膀）…3cm×寬3cm
橄欖綠·厚2mm（翅膀）…3cm×寬3cm

繡線
25號繡線·水藍色（3股）

其他
皮繩（1mm）…6cm
髮圈
平口鉗

作法

① 根據P.65的紙型，裁剪不織布。

② 將皮繩裁成6cm，在正中間摺出山形＆以平口鉗確實夾出形狀。將兩個顏色的不織布對合，再將皮繩夾入中間。

③ 將線穿入皮繩摺山處之間後，以將兩片不織布＆皮繩一起捲繞的感覺，不留縫隙地對齊縫合，讓翅膀＆皮繩呈一體化。

④ 取2股與對齊縫合線相同的繡線，從背面側的上面1/4邊緣處，不穿透正面地穿出針。

⑤ 在出針的位置放上髮圈，以線捲繞＆不穿出正面的方式縫合固定。

與不織布對齊，
進行捲針縫。

捲繞在
皮繩上。

皮繩

線

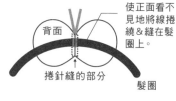

④⑤的說明

背面

使正面看不
見地將線捲
繞＆縫在髮
圈上。

捲針縫的部分

髮圈

10 小狗＆老鼠＆貓咪胸針

（▶紙型參見P.65）

材料

◎老鼠（尺寸：長4.2cm×寬5cm）
不織布
灰色·厚2mm（臉部＆耳朵）…5cm×寬6cm

硬質不織布
白色·厚1mm（眼睛）…少許
咖啡色·厚1mm（鼻子）…少許

◎貓咪（尺寸：長3.8cm×寬4.2cm）
不織布
橘色·厚2mm（臉部＆耳朵）…5cm×寬6cm

硬質不織布
白色·厚1mm（眼睛）…少許

◎小狗（尺寸：長3.6cm×寬4.2cm）
不織布
土黃色·厚2mm（臉部＆耳朵）…5cm×寬7cm

硬質不織布
白色·厚1mm（眼睛）…少許

繡線（貓咪＆小狗通用）
25號繡線·嘴部周圍用
深咖啡色

其他通用的工具
咖啡色油性筆
25mm的胸針
※略小於25mm也OK。
不織布用白膠

作法

① 根據P.65的紙型，裁剪不織布。

② 以油性筆在裁成圓形的白色不織布上畫出黑眼球，再以白膠貼在臉部。

③ 將裁成圓形的咖啡色不織布貼在老鼠鼻子的位置。貓咪＆小狗則各別以回針繡（3股）縫出鼻子、嘴巴、鬍鬚。

④ 以白膠在不織布背面側如圖示的位置貼上胸針。

回針繡
（深咖啡色·3股）

回針繡
（深咖啡色·3股）

胸針黏合位置

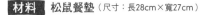

11 松鼠餐墊

（▶紙型參見P.65）

材料 **松鼠餐墊**（尺寸：長28cm×寬27cm）

不織布
土黃色·厚2mm（身體）…30cm×寬30cm

硬質不織布
白色·厚1mm（眼睛）…少許
咖啡色·厚1mm（鼻子）…少許

繡線
25號繡線·嘴巴用 深咖啡色

其他
咖啡色油性筆
不織布用白膠

作法

① 根據P.65的紙型，裁剪不織布。

② 以油性筆在裁成圓形的白色不織布上畫出黑眼球，再以白膠貼在臉部。

③ 以白膠貼上鼻子。

④ 以回針繡（3股）縫出嘴巴。

回針繡
（深咖啡色·3股）

材料 **橡樹果實杯墊**
（尺寸：長12cm×寬8.5cm）

不織布
橘色·厚2mm（果實）…14cm×寬11cm
橄欖綠·厚2mm（果實）…14cm×寬11cm
咖啡色·厚2mm（頂蓋）…10cm×寬11cm

繡線
25號繡線·咖啡色
25號繡線·紋路用 深咖啡色

其他
不織布用白膠

作法

① 根據P.65的紙型，裁剪不織布。

② 以回針繡（3股）在頂蓋部分縫出紋路，再以白膠貼在果實上。

③ 以毛毯繡將頂蓋＆果實對齊縫合。

毛毯繡   回針繡
（深咖啡色·3股）

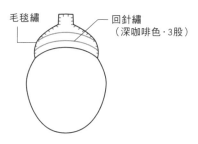

12 綿羊餐墊

（▶紙型參見P.65）

材料 （尺寸：長24cm×寬30cm）

不織布
原色·厚2mm（身體）…25cm×寬32cm
咖啡色·厚2mm（臉部）…6cm×寬8cm

硬質不織布
白色·厚1mm（眼睛）…少許

繡線
25號繡線·鼻子＆嘴巴用 深咖啡色

其他
黑色油性筆
不織布用白膠

作法

① 根據P.65的紙型，裁剪不織布。

② 以油性筆在裁成圓形的白色不織布上畫出黑眼球，再以白膠貼在臉部。

③ 以回針繡（3股）縫出鼻子＆嘴巴。

④ 將臉部的背面塗上白膠，貼在身體上。

回針繡
（深咖啡色·3股）

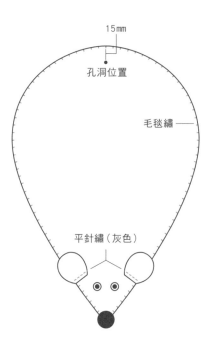

13 老鼠隔熱墊

（▶紙型參見P.66）

材料 （尺寸：長28cm×寬19.5cm）

不織布
灰色・厚2mm（身體・耳朵）
…31cm×寬42cm

硬質不織布
白色・厚1mm（眼睛）…少許
咖啡色・厚1mm（鼻子）…少許

繡線
25號繡線・灰色

其他
咖啡色油性筆
不織布用白膠
3mm粗的皮繩…45cm
錐子

作法

① 根據P.66的紙型，裁剪不織布。

② 以油性筆在裁成圓形的白色不織布上畫出黑眼球，再以白膠貼在臉部。

③ 將耳朵以平針繡縫在圖示的位置上。

④ 將身體的正面側＆背面側對齊重疊，以毛毯繡縫合。

⑤ 以白膠貼上鼻子。

⑥ 以錐子在圖示中的〔孔洞位置〕鑽洞，穿過皮繩後打結。

15mm

孔洞位置

毛毯繡

平針繡（灰色）

---

14 貓咪咖啡杯套

（▶紙型參見P.66）

材料 （尺寸：長8cm×寬8.5cm×深8.5cm）

不織布
灰色・厚2mm（身體・尾巴）
…30cm×寬11cm
紅色・厚2mm（身體・尾巴）
…11cm×寬30cm

硬質不織布
白色・厚1mm（眼睛）…少許
咖啡色・厚1mm（鼻子）…少許

繡線
25號繡線・嘴巴＆鬍鬚用 深咖啡色

其他
咖啡色油性筆
不織布用白膠
夾子或曬衣夾等工具

作法

① 根據P.66的紙型，裁剪不織布。

② 以油性筆在裁成圓形的白色不織布上畫出黑眼球＆以白膠貼在臉部，鼻子也以白膠貼上。再以回針繡（3股）縫出嘴巴、鬍鬚、鬍鬚的點點。

③ 根據咖啡杯的尺寸捲繞成圈（此處標示的材料適合350ml容量的紙杯），在重疊對齊處畫出記號，再以白膠貼合。

④ 乾燥之前，將尾巴的〔黏份〕塗上白膠，插入重疊對齊處的兩片之間，以夾子夾住至乾燥為止。

嘴巴・鬍鬚
回針繡
（深咖啡色・3股）

嘴巴・鬍鬚
回針繡
（深咖啡色・3股）

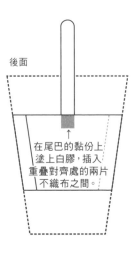

後面

在尾巴的黏份上塗上白膠，插入重疊對齊處的兩片不織布之間。

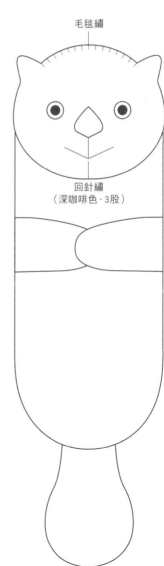

15 海獺餐具收納盒

（▶紙型參見P.67）

材料 （尺寸：長30cm×寬9cm）

不織布
水藍色‧厚3mm（臉部‧手部‧側面‧底部‧尾巴）
…26cm×寬40cm

硬質不織布
白色‧厚1mm（眼睛）…少許
咖啡色‧厚1mm（鼻子）…少許

繡線
25號繡線‧水藍色
25號繡線‧嘴巴用 深咖啡色

其他
咖啡色油性筆
不織布用白膠

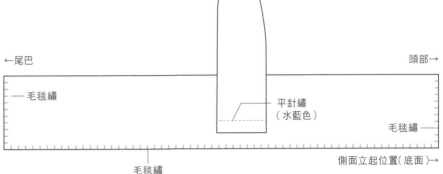

←尾巴　　　　　　　　　　　　　　　　　　　　　頭部→

—— 毛毯繡

平針繡
（水藍色）

毛毯繡 ——

毛毯繡

側面立起位置（底面）→

作法

① 根據P.67的紙型，裁剪不織布。

② 以油性筆在裁成圓形的白色不織布上畫出黑眼球，再以白膠貼在臉部。

③ 以回針繡（3股）縫出嘴巴，再以白膠將鼻子貼在臉部。

④ 如圖所示位置，將手部對齊疊合＆以平針繡縫上。

⑤ 將一片側面和底部對齊，從〔側面立起位置〕開始以毛毯繡對齊縫合。縫至最後之後，將另一側的側面和底部也對齊縫合。

⑥ 以毛毯繡將側面＆側面連接的地方對齊縫合。

⑦ 全部對齊縫合之後，以毛毯繡將海獺的頭部和側面對齊縫合。

⑧ 以白膠將尾巴貼在〔尾巴黏貼位置〕上。

毛毯繡

回針繡
（深咖啡色‧3股）

16 獅子寶特瓶袋

（▶紙型參見P.67）

材料 （尺寸：長19cm×寬9cm×深8cm ※不包含提把）

不織布
土黃色・厚2mm（身體・臉部・尾巴・提把）
…23cm×寬36cm
咖啡色・厚2mm（鬃毛・尾巴毛）
…14cm×寬11cm
白色・厚1mm（嘴部周圍）…4cm×寬7cm

硬質不織布
白色・厚1mm（眼睛）…少許
咖啡色・厚1mm（鼻子）…少許

繡線
25號繡線・土黃色
25號繡線・咖啡色
25號繡線・嘴部周圍用 深咖啡色

其他
咖啡色油性筆
不織布用白膠
錐子
塑膠壓釦（13mm・咖啡色）…1個

嘴巴・鬍鬚
回針繡
（深咖啡色・3股）

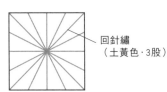
回針繡
（土黃色・3股）

立針縫
（土黃色．2股）

作法

① 根據P.67的紙型，裁剪不織布。

② 以回針繡在嘴部周圍的不織布上縫出嘴巴＆鬍鬚，再以白膠貼在臉部。

③ 以油性筆在裁成圓形的白色不織布上畫出黑眼球，再以白膠貼在臉部。

④ 以白膠將鼻子貼在臉部。

⑤ 如圖所示以回針繡在鬃毛上縫出紋路。

⑥ 將臉部重疊在鬃毛上，以立針縫縫合。

⑦ 將鬃毛＆臉部縫合成一體的組件疊放在身體的〔提把縫合位置〕之間，以立針縫縫合固定。

⑧ 將提把＆身體的〔壓釦安裝位置〕以錐子鑽出孔洞。

⑨ 將提把＆身體的〔壓釦安裝位置〕裝上塑膠壓釦。

⑩ 在如圖所示位置疊放提把，以平針繡將提把＆身體對齊縫合（以上下兩道縫線確實地縫合）。

⑪ 將兩片尾巴毛塗上白膠包夾尾巴後，以毛毯繡對齊縫合。

⑫ 在〔尾巴縫合位置〕夾入尾巴，再以平針繡對齊縫合。縫上尾巴之後，以毛毯繡將身體的邊緣＆邊緣對齊縫合。

⑬ 以毛毯繡將底部對齊縫合。

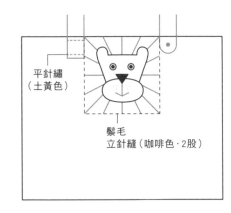
平針繡
（土黃色）
鬃毛
立針縫（咖啡色・2股）

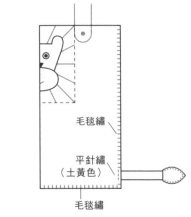
毛毯繡
毛毯繡
平針繡
（土黃色）
毛毯繡

17 狐狸圍兜兜

（▶紙型參見P.68）

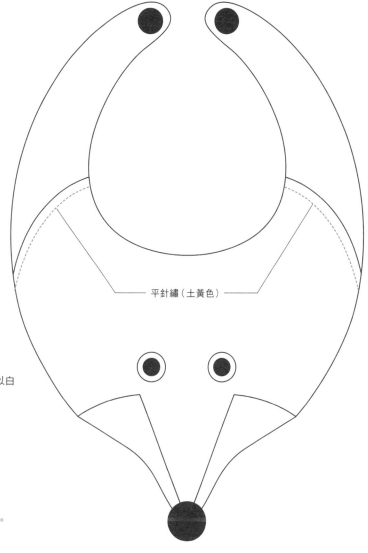

材料 （尺寸：長27.4cm×寬18.6cm）

不織布
土黃色・厚2mm（臉部）…20cm×寬20cm
橄欖綠・厚2mm（頸圍）…18cm×寬18cm
白色・厚1mm（下顎）…8cm×寬13cm

硬質不織布
白色・厚1mm（眼睛）…少許
咖啡色・厚1mm（鼻子）…少許

繡線
25號繡線・土黃色

其他
咖啡色油性筆
不織布用白膠
錐子
塑膠壓釦（13mm・咖啡色）…1個

平針繡（土黃色）

作法

① 根據P.68的紙型，裁剪不織布。

② 以油性筆在裁成圓形的白色不織布上畫出黑眼球，再以白膠貼在臉部。

③ 以白膠將下顎貼在臉部，再以白膠貼上鼻子。

④ 在頸圍部分的〔壓釦安裝位置〕以錐子鑽出孔洞。

⑤ 在〔壓釦安裝位置〕裝上塑膠壓釦。

⑥ 將頸圍＆臉部對齊重疊約7mm，再以平針繡對齊縫合。

18 動物手指偶

（▶紙型參見P.69）

材料 共通

不織布用白膠

作法 共通

Ⓐ 將不織布根據P.69的紙型裁剪。

Ⓑ 以法國結粒繡（3股）縫製眼睛。

Ⓒ 以回針繡（2股）縫製鼻子＆嘴巴。
　※小豬的鼻子則是取3股線進行法國結粒繡。

Ⓓ 將手部＆耳朵夾入兩片身體間，再以平針繡縫合手部＆耳朵夾入處，其他部分則以毛毯繡對齊縫合（身體皆使用2股線）。

材料 獅子
（尺寸：長6cm×寬6.6cm）

不織布
土黃色·厚2mm（身體·臉部·手部）
…7cm×寬15cm
咖啡色·厚2mm（鬃毛）
…5cm×寬7cm
白色·厚1mm（嘴部周圍）…少許

繡線
25號繡線·土黃色
25號繡線·嘴巴＆眼睛＆鼻子用 深咖啡色

作法

① 如圖所示在鬃毛部分剪出切口。

② 在嘴部周圍縫出鼻子＆嘴巴，並在臉部縫製眼睛。

③ 以白膠將鬃毛黏在臉部（再取1股線以立針縫縫合補強）。

④ 以白膠將嘴部周圍重疊貼在臉部。

⑤ 依共通作法Ⓓ的指示完成製作，再以白膠將貼上臉部的鬃毛貼在身體上。

材料 小豬
（尺寸：長5.6cm×寬5.7cm）

不織布
粉紅色·厚2mm（身體·鼻子·手部·耳朵）…7cm×寬13cm

繡線
25號繡線·粉紅色
25號繡線·眼睛＆鼻子用 深咖啡色

作法

① 縫出鼻子之後，以白膠貼在身體上。

② 將眼睛縫在身體的鼻子上面。依共通作法Ⓓ的指示完成製作。

材料 老鼠
（尺寸：長5.9cm×寬5.7cm）

不織布
灰色·厚2mm（身體·手部·耳朵）…7cm×寬13cm

硬質不織布
咖啡色·厚1mm（鼻子）…少許

繡線
25號繡線·灰色
25號繡線·眼睛＆鬍鬚用 深咖啡色

作法

① 以回針繡在身體上縫出鬍鬚，再縫出眼睛。

② 以白膠將裁成圓形的鼻子貼在身體上。依共通作法Ⓓ的指示完成製作。

材料 兔子
（尺寸：長6.7cm×寬5.7cm）

不織布
紅色·厚2mm（身體·手部·耳朵）…7cm×寬13cm
白色·厚1mm（嘴部周圍）…少許

繡線
25號繡線·紅色
25號繡線·嘴巴＆眼睛＆鼻子用 深咖啡色

作法

① 在嘴部周圍縫出鼻子＆嘴巴後，以白膠貼在身體上，再縫製眼睛。

② 依共通作法Ⓓ的指示完成製作。

材料 小熊
（尺寸：長5.5cm×寬5.7cm）

不織布
咖啡色·厚2mm（身體·手部·耳朵）…7cm×寬13cm
白色·厚1mm（嘴部周圍）…少許

繡線
25號繡線·咖啡色
25號繡線·嘴巴＆眼睛＆鼻子用 深咖啡色

作法

① 在嘴部周圍的組件上縫出鼻子＆嘴巴後，以白膠貼在身體上，再縫製眼睛。

② 依共通作法Ⓓ的指示完成製作。

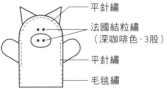

小豬圖：平針繡／法國結粒繡（深咖啡色·3股）／平針繡／毛毯繡

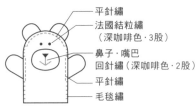

小熊圖：平針繡／法國結粒繡（深咖啡色·3股）／鼻子·嘴巴 回針繡（深咖啡色·2股）／平針繡／毛毯繡

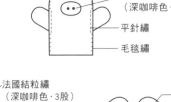

獅子圖：法國結粒繡（深咖啡色·3股）／鼻子·嘴巴 回針繡（深咖啡色·2股）／平針繡／平針繡

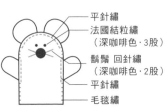

老鼠圖：平針繡／法國結粒繡（深咖啡色·3股）／鬍鬚 回針繡（深咖啡色·2股）／平針繡／毛毯繡

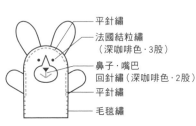

兔子圖：平針繡／法國結粒繡（深咖啡色·3股）／鼻子·嘴巴 回針繡（深咖啡色·2股）／平針繡／毛毯繡

19 老鼠斜背包

（▶紙型參見P.70）

材料 寬型（尺寸：長16cm×寬15.5cm）

不織布
灰色·厚2mm（身體·臉部·耳朵）
…25cm×寬33cm

硬質不織布
白色·厚1mm（眼睛）…少許

繡線
25號繡線·灰色

其他
咖啡色油性筆
不織布用白膠
錐子
鈕釦（2.5cm）…1個
皮繩…90cm

作法

① 根據P.70的紙型，裁剪不織布。

② 將鈕釦縫在鼻子的位置上。

③ 將身體的正面側＆背面側對齊重疊，以毛毯繡對齊縫合。

④ 以錐子在穿入皮繩的位置鑽出孔洞。

⑤ 將耳朵擺在身體的上部，再將臉部重疊在上面，一起以平針繡縫合固定。

⑥ 將皮繩穿過以錐子鑽出孔洞的位置，兩端皆打結固定。

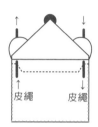

平針繡 · 毛毯繡 · 皮繩 · 皮繩

20 河馬手偶

（▶紙型參見P.71）

材料 小尺寸（尺寸：長7cm×寬8.5cm）

不織布
深灰色·厚2mm（身體·臉部·後片）…16cm×寬20cm
淡粉紅色·厚1mm（嘴巴）…12cm×寬7cm

硬質不織布
白色·厚1mm（眼睛）…少許
咖啡色·厚1mm（鼻子）…少許

繡線
25號繡線·深灰色
25號繡線·淡粉紅色

其他
咖啡色油性筆
不織布用白膠

材料 大尺寸（尺寸：長8cm×寬10cm）

不織布
灰色·厚2mm（身體·臉部·後片）…18cm×寬23cm
淡粉紅色·厚1mm（嘴巴）…14cm×寬9cm

硬質不織布
白色·厚1mm（眼睛）…少許
咖啡色·厚1mm（鼻子）…少許

繡線
25號繡線·灰色
25號繡線·淡粉紅色

其他
咖啡色油性筆
不織布用白膠

作法

① 根據P.71的紙型，裁剪不織布。

② 以油性筆在裁成圓形的白色不織布上畫出黑眼球，再以白膠貼在臉部。

③ 以白膠將鼻子貼在臉部。

④ 將嘴巴不織布的背面塗上白膠，貼在身體上，再以立針縫縫合。

⑤ 以毛毯繡將臉部＆後片與身體對齊縫合。

⑥ 對摺，為了控制開口的程度，在耳朵後面距離身體上方5mm處縫合固定。

耳朵下方的側視結構圖▶

對摺之後，在距離上方5mm處縫合固定。

耳朵下方
為了控制開口的張開程度，在5mm左右的位置將臉部、身體、後片全部對齊縫合。

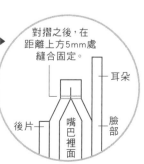

後片 · 嘴巴裡面 · 耳朵 · 臉部

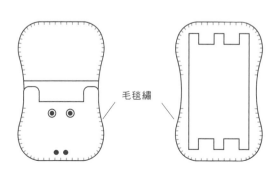

毛毯繡

21 **貓咪＆老鼠書籤**

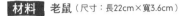

（▶紙型參見P.72）

材料 貓咪（黃色／粉紅色的分量相同　尺寸：長22cm×寬3.6cm）

不織布
黃色·厚1mm（臉部·身體·尾巴）
…16cm×寬7cm

硬質不織布
白色·厚1mm（眼睛）…少許

繡線
25號繡線·嘴巴＆鼻子用 深咖啡色

其他
咖啡色油性筆
不織布用白膠

材料 老鼠（尺寸：長22cm×寬3.6cm）

不織布
水藍色·厚1mm（臉部·身體·尾巴）
…16cm×寬7cm

硬質不織布
白色·厚1mm（眼睛）…少許
咖啡色·厚1mm（鼻子）…少許

其他
咖啡色油性筆
不織布用白膠

作法

① 根據P.72的紙型，裁剪不織布。

② 以油性筆在裁成圓形的白色不織布上畫出黑眼球，再以白膠貼在臉部。

③ 貓咪以回針繡（3股）在臉部縫出嘴巴＆鼻子。老鼠則以白膠貼上鼻子。

④ 將〔背面側的黏份〕塗上白膠，對齊身體的耳朵下方貼上。

⑤ 將尾巴的〔黏份〕塗上白膠，貼在身體背面側下部的中央。

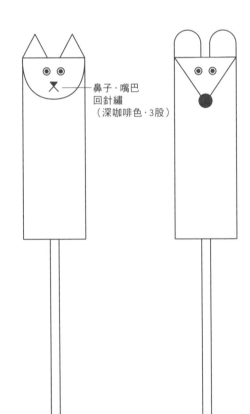

鼻子·嘴巴
回針繡
（深咖啡色·3股）

狐狸書衣 ···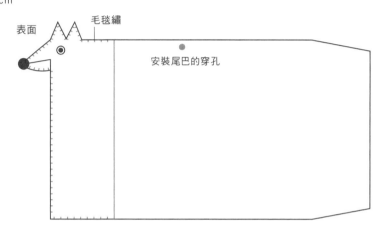
（▶紙型參見P.72）

材料　（尺寸：長18cm×寬15cm　※放入書本狀態的尺寸，不包含尾巴。）

不織布
橘色・厚2mm（身體・尾巴）…24cm×寬48cm
白色・厚1mm（嘴部周圍・尾巴紋路）…10cm×寬10cm

硬質不織布
白色・厚1mm（眼睛）…少許
咖啡色・厚1mm（鼻子）…少許

繡線
25號繡線・橘色
25號繡線・白色

其他
咖啡色油性筆
不織布用白膠
圓環（1cm）…1個
平口鉗
錐子

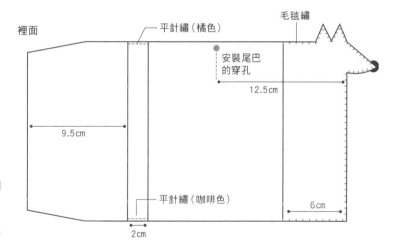

作法

① 根據P.72的紙型，裁剪不織布。

② 以油性筆在裁成圓形的白色不織布上畫出黑眼球，再以白膠貼在身體上。

③ 以白膠將嘴部周圍的組件貼在臉部。

④ 以白膠將尾巴紋路貼在尾巴上。

⑤ 以立針縫將尾巴紋路的鋸齒部分縫合，再以毛毯繡將紋路＆尾巴對齊縫合。

⑥ 在尾巴上疊放上〔安裝尾巴的穿孔〕紙型，以錐子鑽出孔洞，裝上圓環備用。

⑦ 以毛毯繡將身體重疊的部分對齊縫合。

⑧ 將固定帶對齊紙型，在上下各距離3mm處以平針繡接縫固定。

⑨ 在身體上以錐子穿出安裝尾巴的穿孔後，與裝上圓環的尾巴串接起來，再以平口鉗閉合圓環。

⑩ 以白膠貼上鼻子。

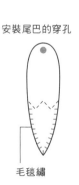

安裝尾巴的穿孔

毛毯繡

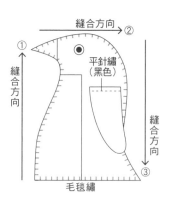

23 企鵝紙鎮

（▶紙型參見P.73）

材料 （尺寸：長11cm×寬8.5cm）

不織布
黑色·厚2mm（身體·翅膀）
…13cm×寬27cm
白色·厚1mm（腹部）
…10cm×寬10cm

黃色
硬質不織布
白色·厚1mm（眼睛）…少許

繡線
25號繡線·黑色
25號繡線·紙鎮用（任何顏色皆可）

其他
填充布（重物用）
…15cm×寬18cm
黑色油性筆
不織布用白膠
泰迪熊的填充用玻璃砂

作法

① 根據P.73的紙型，裁剪不織布。

② 以油性筆在裁成圓形的白色不織布上畫出黑眼球，以白膠貼在身體的正面側＆背面側。再以白膠將鳥嘴、腹部貼在身體的正面側＆背面側。

③ 將翅膀各別以平針繡縫在身體正面側＆背面側的圖示位置。將兩片身體重疊之後，再以毛毯繡對齊縫合。

④ 在重物用布的上端預留約2cm的空隙，以回針繡沿著圖示的縫合方向對齊縫合。

⑤ 從預留的上端開口處放入玻璃砂（以圖畫紙等捲成圓筒如漏斗般的形狀，會比較方便放入）。放入玻璃砂之後，將上端開口處對齊縫合閉緊。

⑥ 將以布作成的紙鎮放入企鵝中，以毛毯繡將底部對齊縫合。

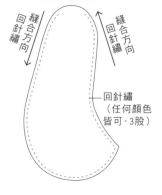

預留2cm左右的開口，最後再縫合。

24 北極熊留言板

（▶紙型參見P.74）

材料 （尺寸：長18cm×寬14cm）

不織布
原色·厚2mm（身體·手部·腳部）
…18cm×寬40cm
灰色·厚1mm（嘴部周圍）…少許

硬質不織布
白色·厚1mm（眼睛）…少許
咖啡色·厚1mm（鼻子）…少許

繡線
25號繡線·原色

其他
咖啡色油性筆
不織布用白膠
皮繩（1.5mm）…25cm
白板…16cm×寬12cm
※特別推薦容易裁切的軟白板。
　本書使用的是背面為磁鐵的款式。

作法

① 根據P.74的紙型，裁剪不織布＆白板。

② 在身體的背面側，如圖所示裁出穿過皮繩的切口，再穿過皮繩打結。

③ 以油性筆在裁成圓形的白色不織布上畫出黑眼球，以白膠貼在臉部。再以白膠將嘴部周圍、鼻子貼在圖示位置。

④ 將裁切的白板放入身體的正面側＆背面側之間，重疊兩片身體之後，以毛毯繡對齊縫合。

⑤ 不移動白板，並在白板＆身體之間塗上白膠，確實地貼合。

⑥ 在圖中的〔白膠黏貼處〕塗上白膠，貼上手部＆腳部的組件。

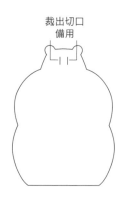

裁出切口備用

灰色為白膠黏貼處

毛毯繡

25 袋鼠信插

（▶紙型參見P.75）

材料 （尺寸：長42.5cm×寬14cm）

不織布
土黃色·厚3mm（大袋鼠的身體·手部·尾巴）…34cm×寬34cm
橘色·厚2mm（小袋鼠的身體）…21cm×寬11cm

硬質不織布
白色·厚1mm（眼睛）…少許
咖啡色·厚1mm（鼻子）…少許

繡線
25號繡線·土黃色
25號繡線·嘴部周圍用 深咖啡色

其他
咖啡色油性筆
不織布用白膠
皮繩（2mm）…30cm
鈕釦（25mm）…1個

作法

① 根據P.75的紙型，裁剪不織布。

② 在大袋鼠的背面側上，以繡線作出穿過皮繩的圈圈（線不穿出正面臉部，穿進不織布的厚度中）。

③ 以油性筆在裁成圓形的白色不織布上畫出黑眼球，以白膠各別貼在大袋鼠＆小袋鼠的臉部上。

④ 以回針繡（3股）在大袋鼠＆小袋鼠的臉部上，各別繡出嘴巴的線條。

⑤ 以白膠將鼻子各別貼在大袋鼠＆小袋鼠上。

⑥ 將大袋鼠的手部以平針繡縫在身體的正面側上。

⑦ 將大袋鼠的尾巴以鈕釦縫合固定於圖示位置。

⑧ 將大袋鼠的身體正面側＆背面側重疊，以毛毯繡對齊縫合。再將皮繩穿過後面的圓圈，打結固定。

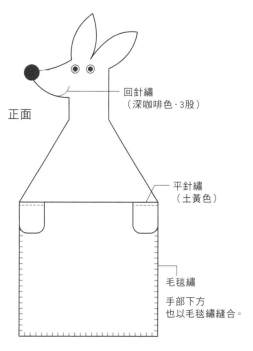

正面

回針繡
（深咖啡色·3股）

平針繡
（土黃色）

毛毯繡

手部下方
也以毛毯繡縫合。

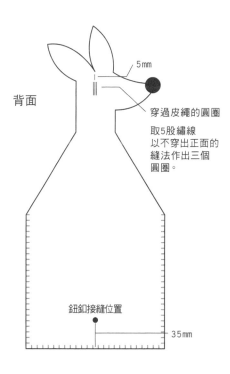

背面

5mm

穿過皮繩的圓圈

取5股繡線
以不穿出正面的
縫法作出三個
圓圈。

鈕釦接縫位置

35mm

26 臘腸狗筆袋
∙∙∙∙∙∙∙∙∙∙∙∙∙∙∙∙∙∙∙∙∙∙∙∙∙∙∙∙∙
（▶紙型參見P.76）

材料 （尺寸：長10cm×寬23cm）

不織布
橘色・厚2mm（身體・腳部）…21cm×寬30cm
咖啡色・厚2mm（耳朵・尾巴）…7cm×寬10cm
咖啡色・厚1mm（鼻子）…少許

硬質不織布
白色・厚1mm（眼睛）…少許

繡線
25號繡線・橘色
25號繡線・咖啡色
25號繡線・嘴巴用 深咖啡色

其他
咖啡色油性筆
12cm的拉鍊
1cm的圓環
平口鉗

作法

① 根據P.76的紙型，裁剪不織布。

② 以油性筆在裁成圓形的白色不織布上畫出黑眼球，再以白膠貼在身體的正面側＆背面側的臉部。

③ 以回針繡（3股）在身體的正面側＆背面側各別縫出嘴巴。

④ 以白膠貼上鼻子。

⑤ 以平針繡在身體正面側＆背面側的圖示位置各別縫上耳朵。

⑥ 將四隻腳對齊〔鈕釦接縫位置〕，以鈕釦接縫固定。

⑦ 以平針繡將拉鍊縫在背部上，呈現使兩片身體的背部以拉鍊連接的狀態。

⑧ 將拉鍊的邊緣以立針縫各自縫合固定備用。

⑨ 將身體的正面側＆背面側重疊，以毛毯繡對齊縫合。

⑩ 將尾巴的根部穿過圓環後，在尾巴1cm處內摺＆以兩道縫線加強固定。

⑪ 拉開圓環穿過拉鍊頭的洞後，將圓環壓緊閉合。

尾巴的作法

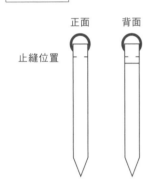

正面　　背面

止縫位置

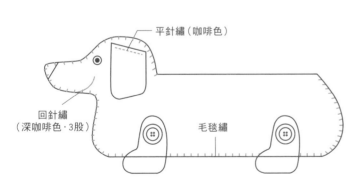

平針繡（咖啡色）

回針繡（深咖啡色・3股）　毛毯繡

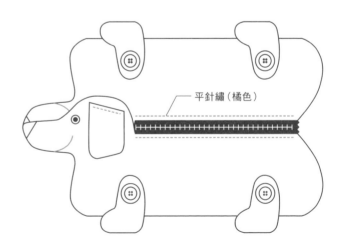

平針繡（橘色）

長頸鹿筆筒

（▶紙型參見P.76）

材料 （尺寸：長19cm×寬21cm）

不織布
土黃色·厚3mm（身體·底部）…21cm×寬34cm
咖啡色·厚2mm（身體的斑紋）…15cm×寬32cm

硬質不織布
白色·厚1mm（眼睛）…少許

繡線
25號繡線·土黃色
25號繡線·嘴巴＆鼻子用 深咖啡色

其他
咖啡色油性筆
不織布用白膠
果醬等空瓶（高度9cm·直徑約6cm的容器）

作法

① 根據P.76的紙型，裁剪不織布。

② 以油性筆在裁成圓形的白色不織布上畫出黑眼球，再以白膠貼在身體上。

③ 以法國結粒繡（3股）縫出鼻子。

④ 以回針繡（3股）縫出嘴巴。

⑤ 以白膠將身體的斑紋貼在如圖示的一側身體位置上。另一側面的身體則將斑紋左右翻轉後再貼上。

⑥ 在距離鹿角1cm處預留一個開口，以毛毯繡將身體對齊縫合，再以毛毯繡將底部對齊縫合。

⑦ 將果醬等空瓶放入其中。

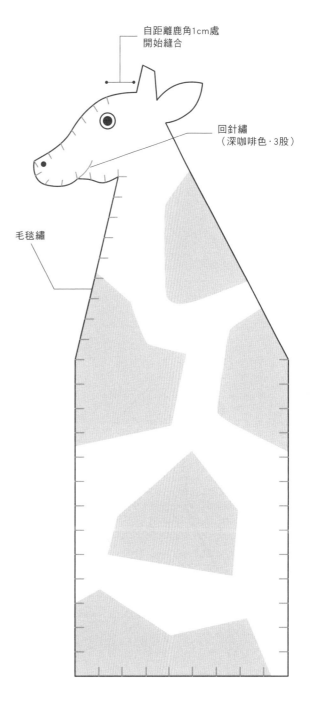

自距離鹿角1cm處
開始縫合

回針繡
（深咖啡色·3股）

毛毯繡

28 海獅橡皮筋架

（▶紙型參見P.77）

材料 （尺寸：長11cm×寬11cm）

不織布
灰色·厚2mm（身體·前腳·尾巴·底部）
…18cm×寬25cm
咖啡色·厚1mm（鼻子）…少許

硬質不織布
白色·厚1mm（眼睛）…少許

繡線
25號繡線·灰色
25號繡線·嘴巴用 深咖啡色

其他
咖啡色油性筆
不織布用白膠
棉花
筷子等前端細細的棒子
橡皮筋

作法

1 根據P.77的紙型，裁剪不織布。

2 以油性筆在裁成圓形的白色不織布上畫出黑眼球，再以白膠貼在身體的正面側＆背面側。

3 以回針繡（3股）在正面側＆背面側縫出嘴巴。

4 如圖所示，根據①→②的順序，以毛毯繡將身體對齊縫合。

5 將尾巴夾入身體＆底部之間，以平針繡對齊縫合。

6 將其中一側的前腳夾入身體＆底部之間，以平針繡對齊縫合。前腳＆尾巴之間則以毛毯繡對齊縫合。

7 縫至一半之後，從頭部以筷子等前端細細的棒子塞入棉花。

8 身體確實塞緊棉花之後，將另一側的前腳夾入身體＆底部之間，以平針繡對齊縫合，前腳＆尾巴之間則以毛毯繡對齊縫合。

9 如包夾身體般地，以白膠貼上鼻子。

10 將橡皮筋套在頸部。

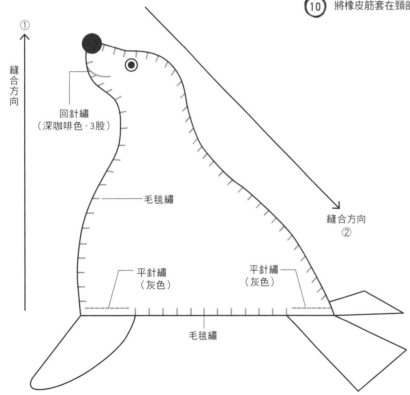

29 小鳥磁鐵

（▶紙型參見P.77）

材料 A（尺寸：長5cm×寬6.5cm）

不織布
水藍色·厚1mm（身體）…6cm×寬15cm

繡線
25號繡線·水藍色
25號繡線·眼睛用 深咖啡色

材料 B（尺寸：長5.5cm×寬6.5cm）

不織布
薄荷綠·厚1mm（身體·翅膀）
…6cm×寬17cm

繡線
25號繡線·薄荷綠
25號繡線·眼睛用 深咖啡色

材料 C（尺寸：長5.5cm×寬6.5cm）

不織布
黃色·厚1mm（身體·翅膀）…6cm×寬17cm

繡線
25號繡線·黃色
25號繡線·眼睛用 深咖啡色

其他共通的必要工具
13mm的磁鐵
棉花（少許）
筷子等前端細細的棒子

作法 A

① 根據P.77的紙型，裁剪不織布。

② 以法國結粒繡（3股）在身體的正面側上縫出眼睛。

③ 將身體的正面側＆背面側重疊，下方預留1.5cm至2cm左右的開口，以毛毯繡（2股）對齊縫合。
※不剪斷縫線，直接留著備用。

④ 以筷子等前端細細的棒子從下方的洞塞入棉花至沒有空隙，再將磁鐵放入棉花＆背面側的不織布之間。

⑤ 將預留的開口縫緊密合。

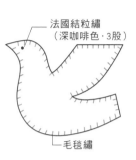

法國結粒繡
（深咖啡色·3股）

毛毯繡

作法 B·C

① 與A的①至②作法相同。

② 在身體正面側如圖所示的位置上，以立針縫（2股）縫上翅膀。

③ 與A的③至⑤作法相同。

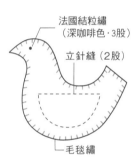

法國結粒繡
（深咖啡色·3股）

立針縫（2股）

毛毯繡

30 綿羊耳機捲線器

（▶紙型參見P.77）

材料 （尺寸：長3.5cm×寬5.5cm）

不織布
黑色·厚2mm（臉部）…8cm×寬6cm

硬質不織布
白色·厚1mm（眼睛）…少許

其他
黑色油性筆
不織布用白膠
錐子
塑膠壓釦（10mm·咖啡色）…1個

作法

① 根據P.77的紙型，裁剪不織布。

② 以油性筆在裁成圓形的白色不織布上畫出黑眼球，再以白膠貼在臉部。

③ 以錐子在〔壓釦安裝位置〕鑽出孔洞。

④ 在〔壓釦安裝位置〕裝上塑膠壓釦。

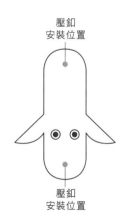

壓釦
安裝位置

壓釦
安裝位置

31 松鼠波奇包

（▶紙型參見P.78）

材料 （尺寸：長12cm×寬11cm）

不織布
土黃色·厚3mm（臉部）
…18cm×寬25cm

硬質不織布
白色·厚1mm（眼睛）…少許

繡線
25號繡線·土黃色
25號繡線·嘴巴用 深咖啡色

其他
咖啡色油性筆
不織布用白膠
鈕釦（2cm）…1個

作法

1. 根據P.78的紙型，裁剪不織布。

2. 在臉部的背面側上，以剪刀剪出固定鈕釦的切口。

3. 以油性筆在裁成圓形的白色不織布上畫出黑眼球，再以白膠貼在臉部。

4. 以回針繡（3股）縫出嘴巴。

5. 將鼻子用的鈕釦縫在臉部正面側的鼻子位置上。

6. 將臉部的正面側＆背面側重疊，以毛毯繡對齊縫合。

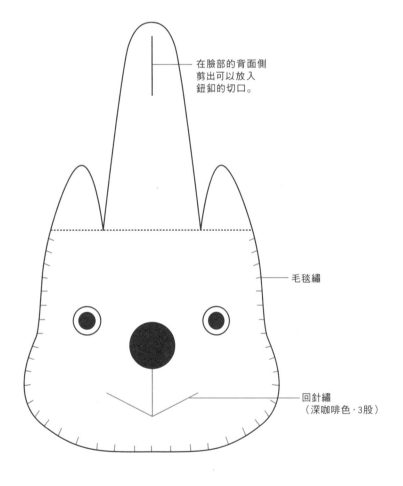

在臉部的背面側
剪出可以放入
鈕釦的切口。

毛毯繡

回針繡
（深咖啡色·3股）

32 大象波奇包

‥‥‥‥‥‥‥‥‥‥‥‥‥
（▶紙型參見P.78）

材料 （尺寸：長14cm×寬18cm）

不織布
灰色·厚2mm（身體·尾巴）…15cm×寬40cm
藍色·厚2mm（耳朵）…6cm×寬10cm

硬質不織布
白色·厚1mm（眼睛）…少許

繡線
25號繡線·灰色
25號繡線·藍色

其他
咖啡色油性筆
12cm的拉鍊
1cm的圓環
平口鉗

作法

1. 根據P.78的紙型，裁剪不織布。

2. 以油性筆在裁成圓形的白色不織布上畫出黑眼球，再以白膠貼在身體上。

3. 將耳朵以平針繡縫在圖示的位置。

4. 以平針繡將拉鍊縫在背上，呈現以拉鍊連接身體正面側＆背面側的背部狀態。

5. 將拉鍊的邊緣各別以立針繡縫合固定。

6. 以毛毯繡將身體的正面側＆背面側對齊縫合。

7. 將尾巴的根部穿過圓環後，在尾巴1cm處內摺＆以兩道縫線加強固定。

8. 拉開圓環穿過拉鍊頭的洞後，將圓環壓緊閉合。

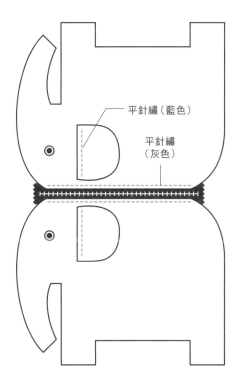

平針繡（藍色）

平針繡（灰色）

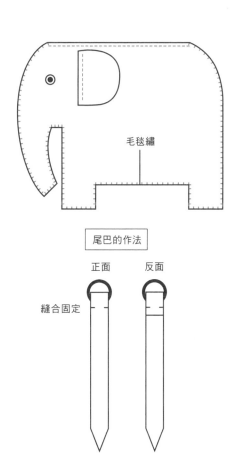

毛毯繡

尾巴的作法

正面　　反面

縫合固定

33 兔子波奇包

（▶紙型參見P.79）

材料　（尺寸：長22.7cm×寬12.5cm）

不織布
原色·厚2mm（身體·耳朵）…20cm×寬29cm

硬質不織布
白色·厚1mm（眼睛）…少許

繡線
25號繡線·原色
25號繡線·嘴巴&鼻子用 深咖啡色

其他
咖啡色油性筆
拉鍊（14cm）
不織布球（2cm）…1個
※以羊毛&戳針戳出圓球取代不織布球也OK。
1.5mm的皮繩…16cm
錐子
皮繩用針（緞帶刺繡專用針等）
平口鉗

作法

① 根據P.79的紙型，裁剪不織布。

② 以油性筆在裁成圓形的白色不織布上畫出黑眼球，再以白膠貼在臉部。

③ 以回針繡（3股）縫出鼻子&嘴巴。

④ 將耳朵以平針繡縫在圖示的位置。

⑤ 以平針繡將拉鍊從〔拉鍊縫合起始位置〕開始縫上，呈現以拉鍊連接身體正面側&背面側的背部狀態。

⑥ 將拉鍊的邊緣以立針縫各自縫合固定。

⑦ 以毛毯繡將身體的正面側&背面側對齊縫合。

⑧ 以平口鉗將皮繩的前端壓扁，穿過針孔。

⑨ 以錐子在不織布球上鑽出兩個洞。

⑩ 以針將皮繩穿過不織布球其中一側的洞&穿過拉鍊頭的洞之後，再將針穿過不織布球另一側的洞。
※皮繩不易穿過不織布球的時候，建議以平口鉗拉扯針。

毛毯繡
（原色）

平針繡
（原色）

回針繡
（深咖啡色·3股）

平針繡
（原色）

拉鍊縫合
起始位置

皮繩

不織布球

拉鍊

34 **刺蝟波奇包**

（▶紙型參見P.79）

材料 （尺寸：長11.5cm×寬18cm）

不織布
原色‧厚2mm（身體‧耳朵）…12cm×寬35cm
咖啡色‧厚2mm（尖刺的部分）…13cm×寬32cm
咖啡色‧厚1mm（鼻子）…少許

硬質不織布
白色‧厚1mm（眼睛）…少許

繡線
25號繡線‧原色
25號繡線‧咖啡色
25號繡線‧嘴巴用 深咖啡色

其他
咖啡色油性筆
不織布用白膠
拉鍊（12cm）
鋸齒剪刀

作法

① 根據P.79的紙型，裁剪不織布。

② 以油性筆在裁成圓形的白色不織布上畫出黑眼球，再以白膠貼在臉部。

③ 以回針繡（3股）縫出嘴巴。

④ 將拉鍊從背上的〔拉鍊縫合起始位置〕開始以平針繡縫上，呈現以拉鍊連接身體正面側＆背面側的背部狀態。

⑤ 將拉鍊的邊緣以立針縫各自縫合固定。

⑥ 以鋸齒剪刀裁剪出尖刺部分的背部尖刺線條（將鋸齒剪刀對齊不織布的邊緣裁剪，會比較容易裁剪漂亮）。

⑦ 對照〔尖刺重疊位置〕疊合身體＆尖刺後，以平針繡縫出紋路＆進行接縫。

⑧ 以縫線在耳朵兩端處縫合固定。

⑨ 以毛毯繡將拉鍊以外的身體部分對齊縫合。

⑩ 以白膠貼上鼻子

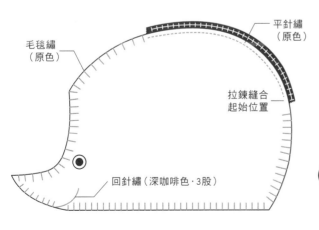

毛毯繡
（原色）

平針繡
（原色）

拉鍊縫合
起始位置

回針繡（深咖啡色‧3股）

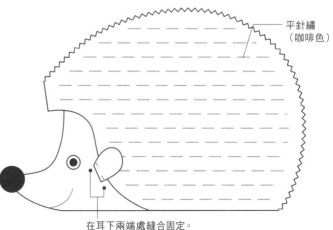

平針繡
（咖啡色）

在耳下兩端處縫合固定。

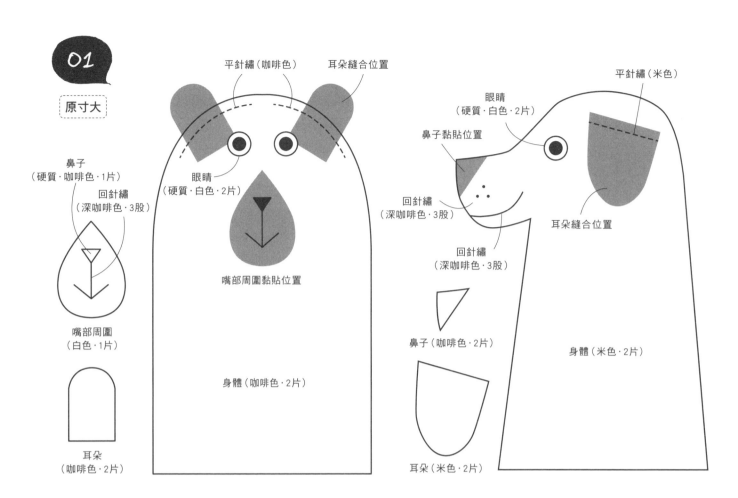

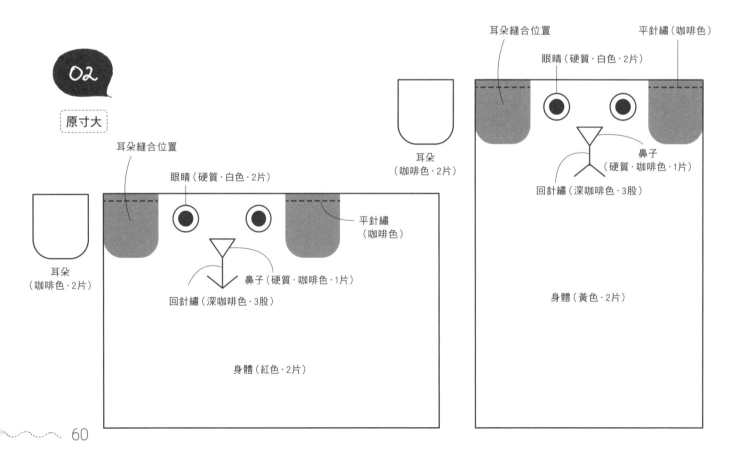

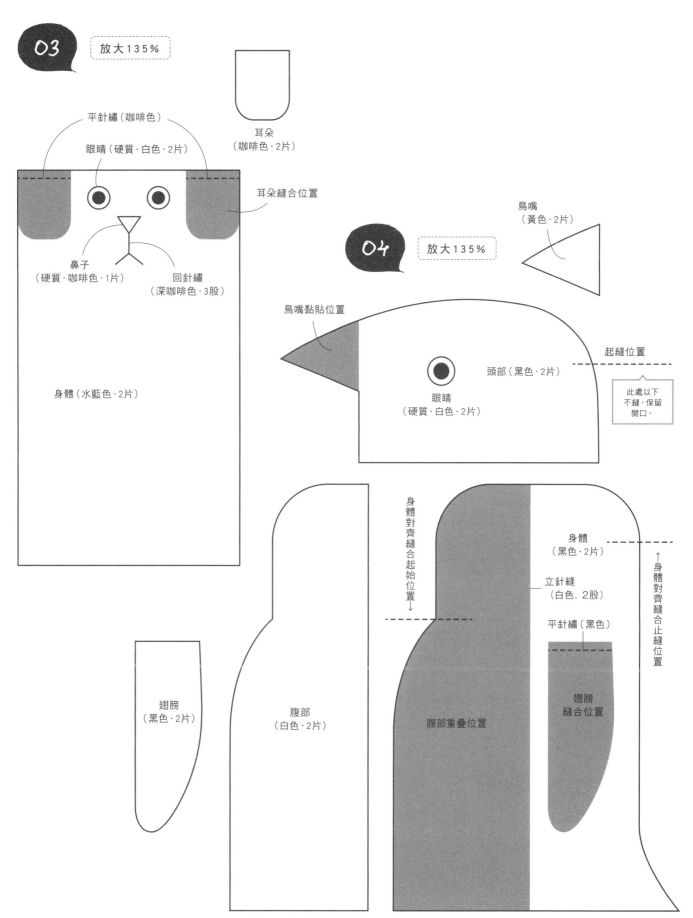

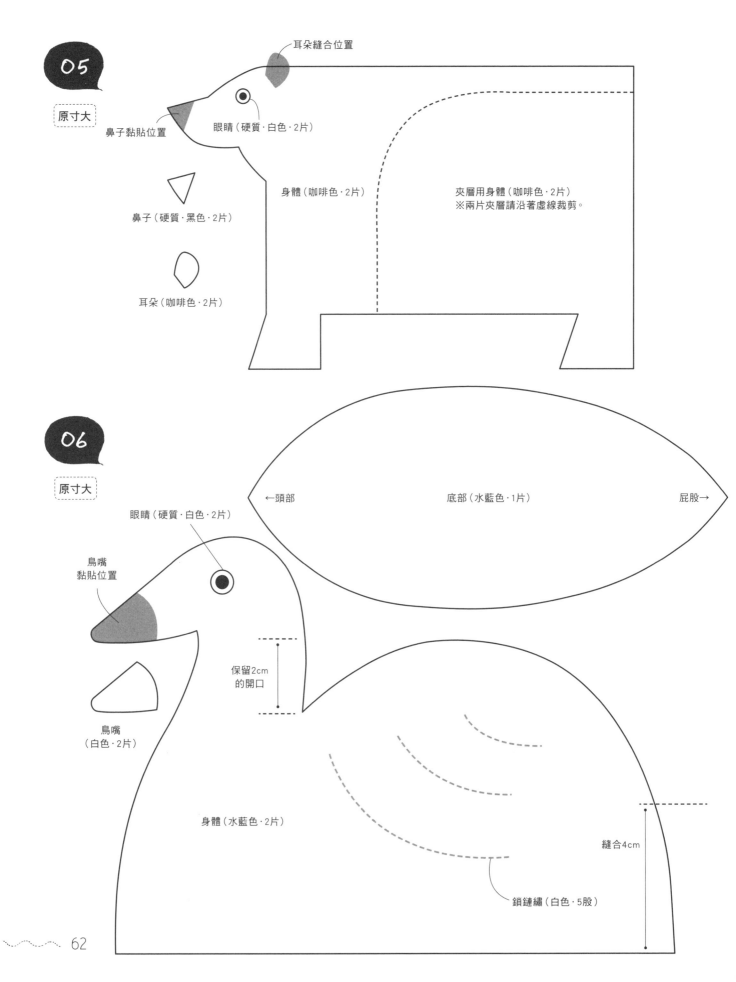

05

原寸大

耳朵縫合位置

鼻子黏貼位置

眼睛（硬質‧白色‧2片）

鼻子（硬質‧黑色‧2片）

身體（咖啡色‧2片）

夾層用身體（咖啡色‧2片）
※兩片夾層請沿著虛線裁剪。

耳朵（咖啡色‧2片）

06

原寸大

眼睛（硬質‧白色‧2片）

鳥嘴
黏貼位置

←頭部

底部（水藍色‧1片）

屁股→

鳥嘴
（白色‧2片）

保留2cm
的開口

縫合4cm

身體（水藍色‧2片）

鎖鏈繡（白色‧5股）

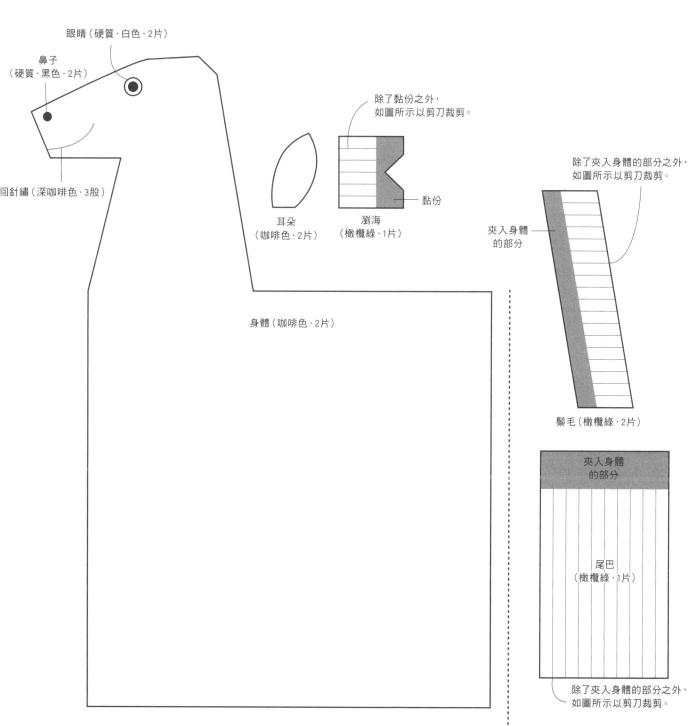

07 放大200%

眼睛（硬質・白色・2片）

鼻子
（硬質・黑色・2片）

回針繡（深咖啡色・3股）

耳朵
（咖啡色・2片）

除了黏份之外，
如圖所示以剪刀裁剪。

瀏海
（橄欖綠・1片）

黏份

身體（咖啡色・2片）

除了夾入身體的部分之外，
如圖所示以剪刀裁剪。

夾入身體
的部分

鬃毛（橄欖綠・2片）

夾入身體
的部分

尾巴
（橄欖綠・1片）

除了夾入身體的部分之外，
如圖所示以剪刀裁剪。

對齊影印機
左上角。

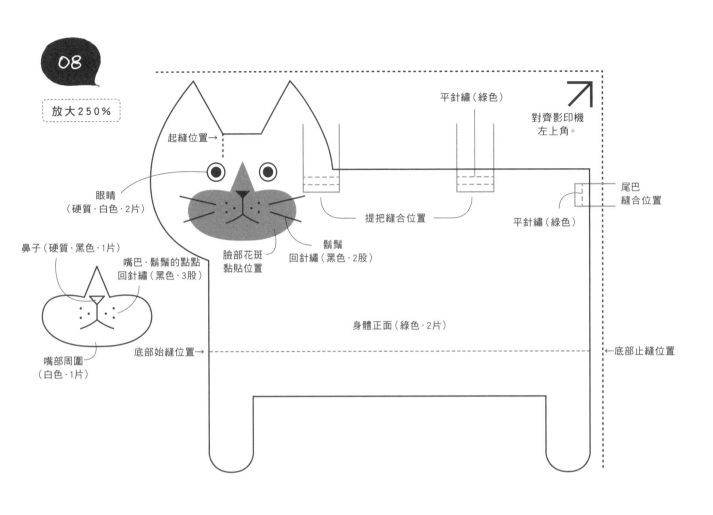

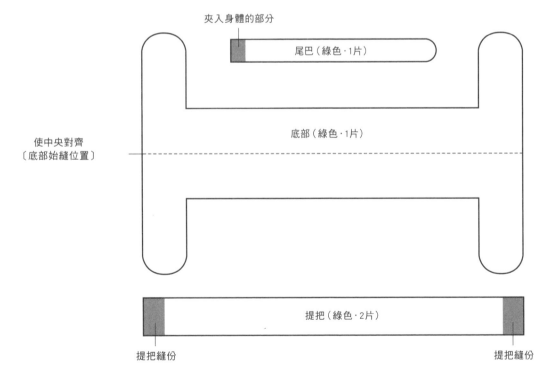

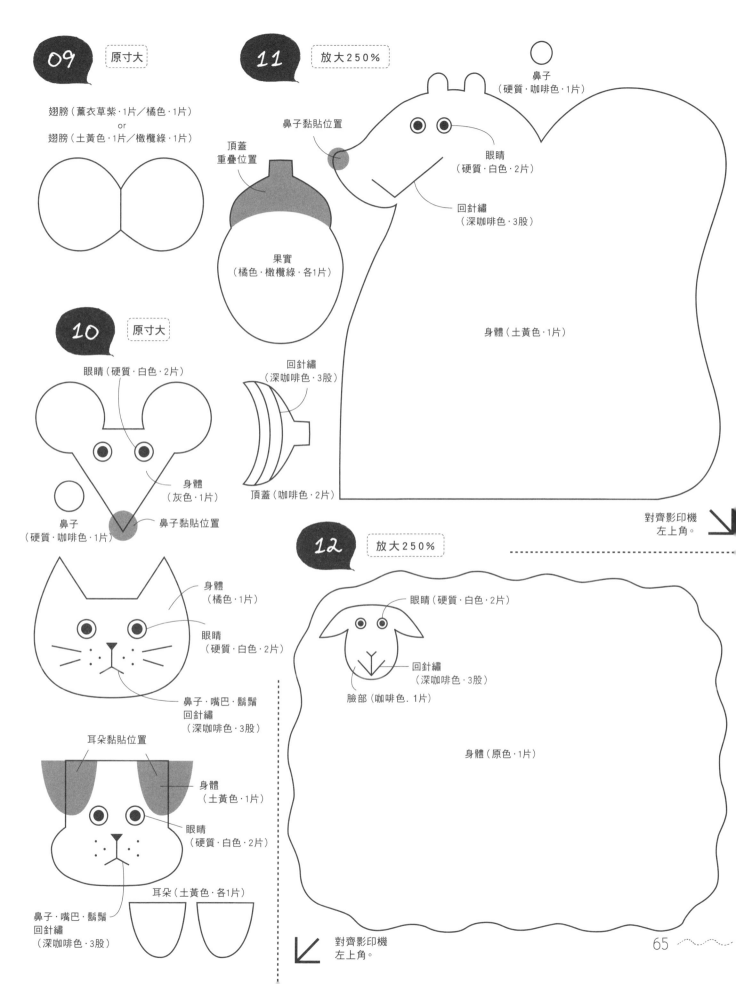

09 原寸大

翅膀（薰衣草紫·1片／橘色·1片）
or
翅膀（土黃色·1片／橄欖綠·1片）

10 原寸大

眼睛（硬質·白色·2片）

身體
（灰色·1片）

鼻子
（硬質·咖啡色·1片）

鼻子黏貼位置

身體
（橘色·1片）

眼睛
（硬質·白色·2片）

鼻子·嘴巴·鬍鬚
回針繡
（深咖啡色·3股）

耳朵黏貼位置

身體
（土黃色·1片）

眼睛
（硬質·白色·2片）

鼻子·嘴巴·鬍鬚
回針繡
（深咖啡色·3股）

耳朵（土黃色·各1片）

11 放大250%

鼻子
（硬質·咖啡色·1片）

鼻子黏貼位置

頂蓋
重疊位置

眼睛
（硬質·白色·2片）

回針繡
（深咖啡色·3股）

果實
（橘色·橄欖綠·各1片）

身體（土黃色·1片）

回針繡
（深咖啡色·3股）

頂蓋（咖啡色·2片）

對齊影印機
左上角。

12 放大250%

眼睛（硬質·白色·2片）

回針繡
（深咖啡色·3股）

臉部（咖啡色．1片）

身體（原色·1片）

對齊影印機
左上角。

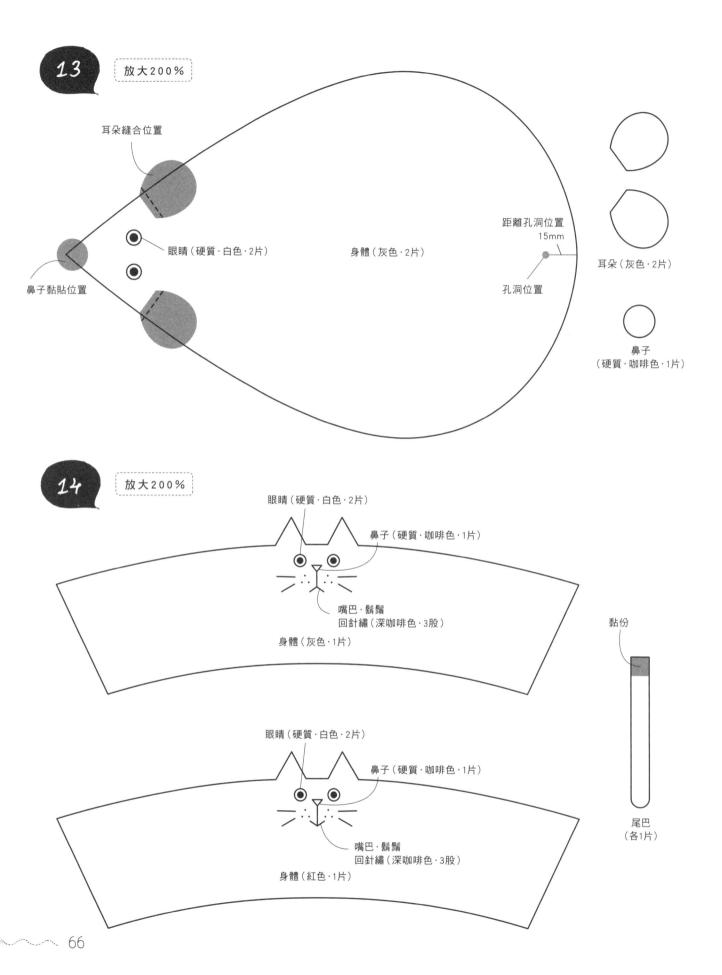

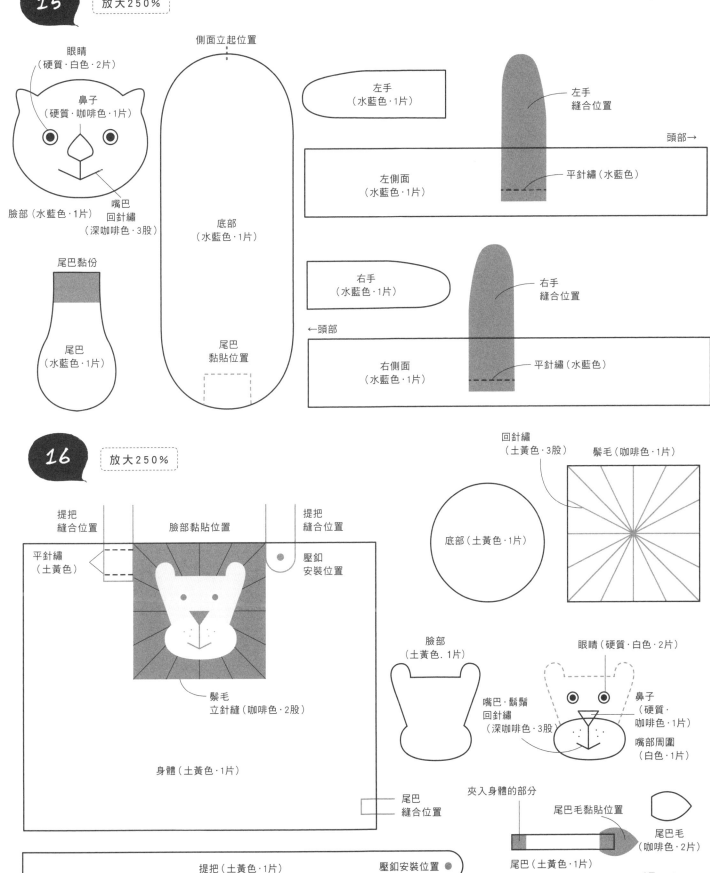

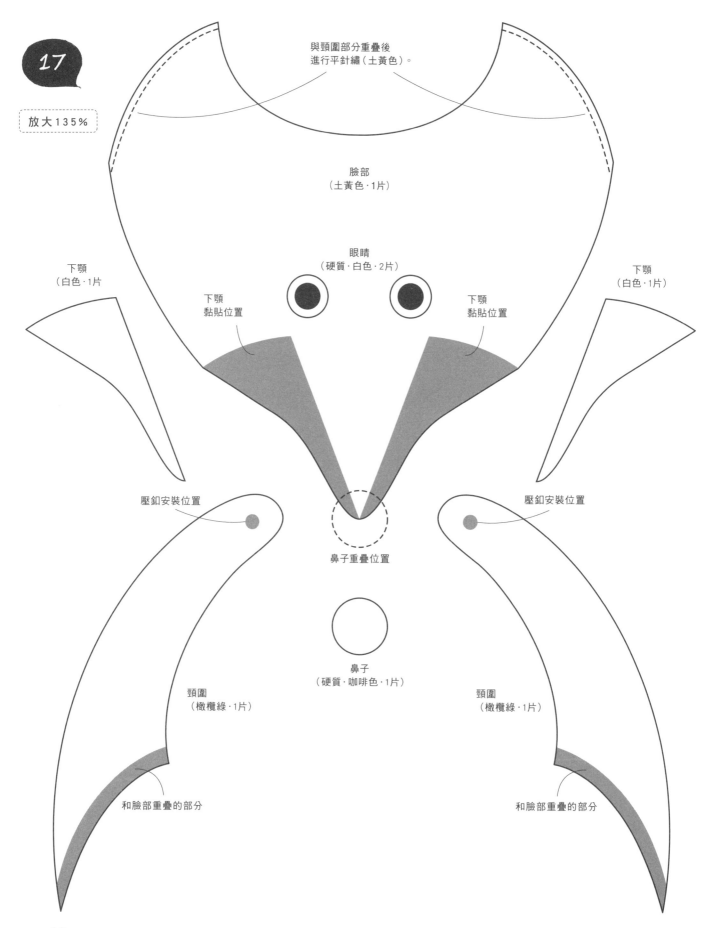

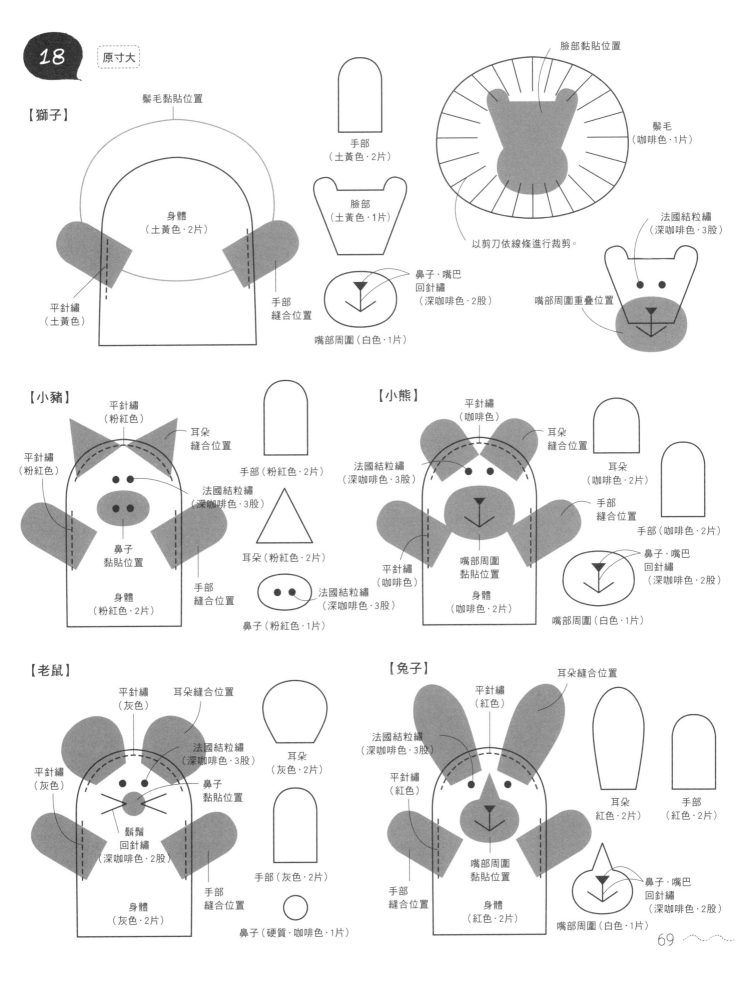

18 原寸大

【獅子】

髮毛黏貼位置

臉部黏貼位置

手部
（土黃色·2片）

臉部
（土黃色·1片）

身體
（土黃色·2片）

鬃毛
（咖啡色·1片）

平針繡
（土黃色）

手部
縫合位置

以剪刀依線條進行裁剪。

法國結粒繡
（深咖啡色·3股）

嘴部周圍重疊位置

鼻子·嘴巴
回針繡
（深咖啡色·2股）

嘴部周圍（白色·1片）

【小豬】

平針繡
（粉紅色）

耳朵
縫合位置

手部（粉紅色·2片）

平針繡
（粉紅色）

法國結粒繡
（深咖啡色·3股）

鼻子
黏貼位置

耳朵（粉紅色·2片）

身體
（粉紅色·2片）

手部
縫合位置

法國結粒繡
（深咖啡色·3股）

鼻子（粉紅色·1片）

【小熊】

平針繡
（咖啡色）

耳朵
縫合位置

耳朵
（咖啡色·2片）

法國結粒繡
（深咖啡色·3股）

手部
縫合位置

手部（咖啡色·2片）

平針繡
（咖啡色）

嘴部周圍
黏貼位置

身體
（咖啡色·2片）

鼻子·嘴巴
回針繡
（深咖啡色·2股）

嘴部周圍（白色·1片）

【老鼠】

平針繡
（灰色）

耳朵縫合位置

法國結粒繡
（深咖啡色·3股）

耳朵
（灰色·2片）

平針繡
（灰色）

鼻子
黏貼位置

鬍鬚
回針繡
（深咖啡色·2股）

手部
縫合位置

身體
（灰色·2片）

手部（灰色·2片）

鼻子（硬質·咖啡色·1片）

【兔子】

耳朵縫合位置

平針繡
（紅色）

法國結粒繡
（深咖啡色·3股）

平針繡
（紅色）

耳朵
紅色·2片

手部
（紅色·2片）

嘴部周圍
黏貼位置

手部
縫合位置

身體
（紅色·2片）

鼻子·嘴巴
回針繡
（深咖啡色·2股）

嘴部周圍（白色·1片）

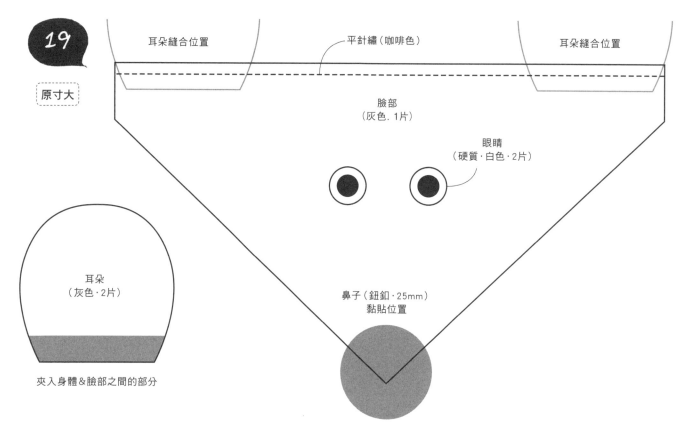

19

原寸大

耳朵縫合位置 　　平針繡（咖啡色）　　耳朵縫合位置

臉部
（灰色.1片）

眼睛
（硬質・白色・2片）

耳朵
（灰色・2片）

鼻子（鈕釦・25mm）
黏貼位置

夾入身體＆臉部之間的部分

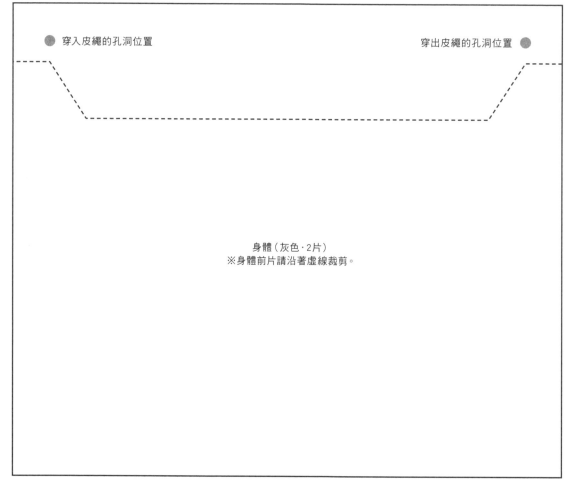

● 穿入皮繩的孔洞位置　　　　　　　穿出皮繩的孔洞位置 ●

身體（灰色・2片）
※身體前片請沿著虛線裁剪。

【小河馬手偶】

眼睛
（硬質・白色・2片）

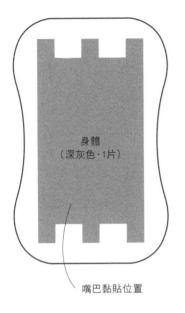

身體
（深灰色・1片）

嘴巴黏貼位置

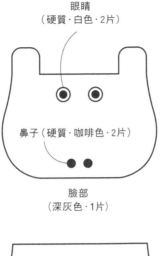

鼻子（硬質・咖啡色・2片）

臉部
（深灰色・1片）

後片
（深灰色・1片）

嘴巴
（淡粉紅色・1片）

【大河馬手偶】

眼睛
（硬質・白色・2片）

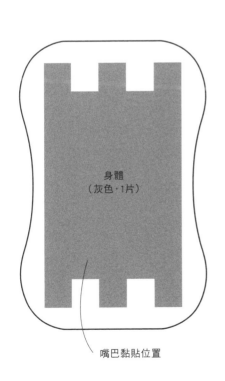

身體
（灰色・1片）

嘴巴黏貼位置

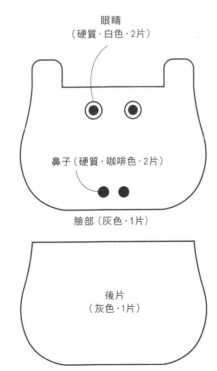

鼻子（硬質・咖啡色・2片）

臉部（灰色・1片）

後片
（灰色・1片）

嘴巴
（淡粉紅色・1片）

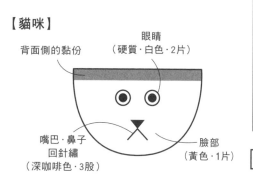

【貓咪】

眼睛
（硬質・白色・2片）

背面側的黏份

嘴巴・鼻子
回針繡
（深咖啡色・3股）

臉部
（黃色・1片）

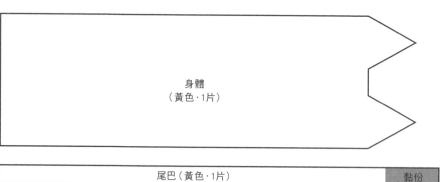

身體
（黃色・1片）

尾巴（黃色・1片） 黏份

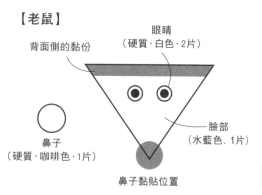

【老鼠】

眼睛
（硬質・白色・2片）

背面側的黏份

鼻子
（硬質・咖啡色・1片）

臉部
（水藍色・1片）

鼻子黏貼位置

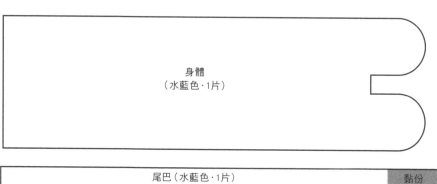

身體
（水藍色・1片）

尾巴（水藍色・1片） 黏份

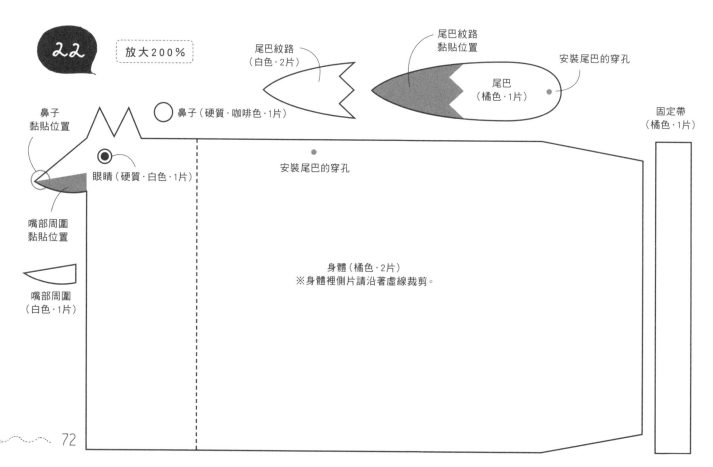

尾巴紋路
（白色・2片）

尾巴紋路
黏貼位置

安裝尾巴的穿孔

尾巴
（橘色・1片）

固定帶
（橘色・1片）

鼻子
黏貼位置

鼻子（硬質・咖啡色・1片）

眼睛（硬質・白色・1片）

安裝尾巴的穿孔

嘴部周圍
黏貼位置

嘴部周圍
（白色・1片）

身體（橘色・2片）
※身體裡側片請沿著虛線裁剪。

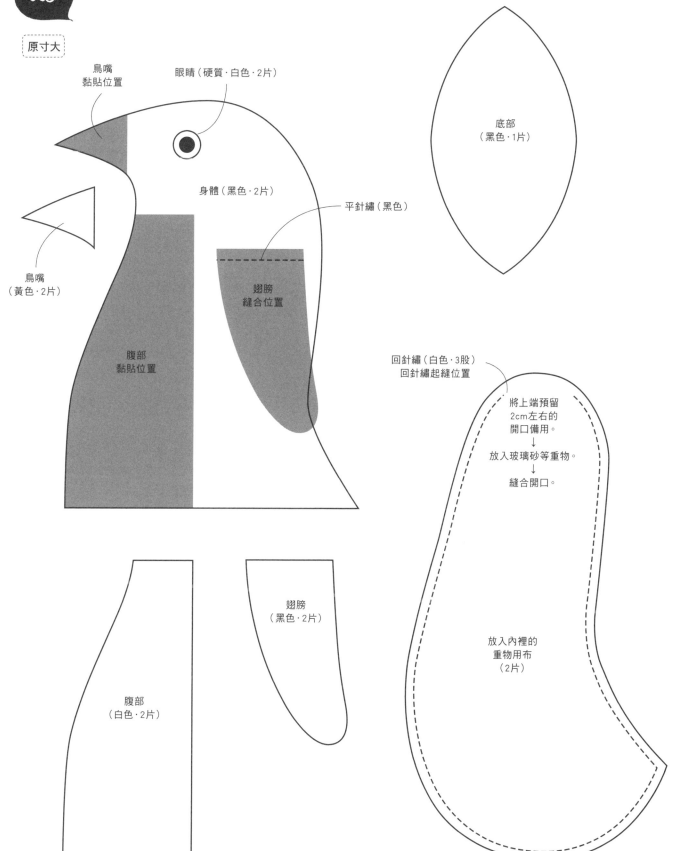

23

原寸大

鳥嘴
黏貼位置

眼睛（硬質・白色・2片）

身體（黑色・2片）

平針繡（黑色）

底部
（黑色・1片）

鳥嘴
（黃色・2片）

翅膀
縫合位置

腹部
黏貼位置

回針繡（白色・3股）
回針繡起縫位置

將上端預留
2cm左右的
開口備用。
↓
放入玻璃砂等重物。
↓
縫合開口。

翅膀
（黑色・2片）

腹部
（白色・2片）

放入內裡的
重物用布
（2片）

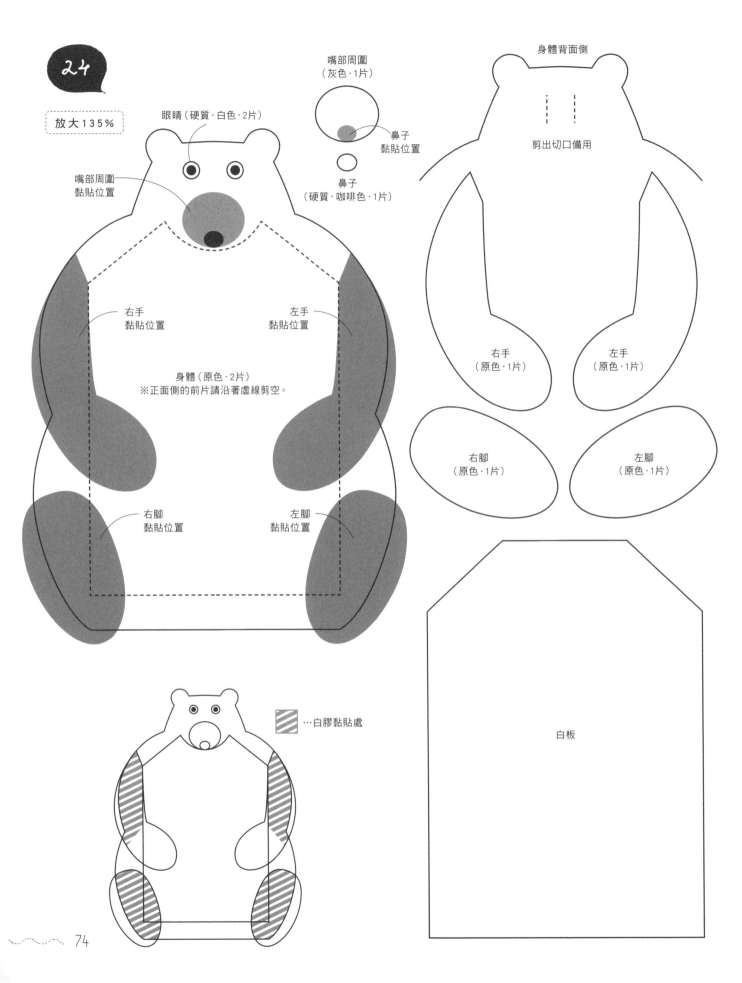

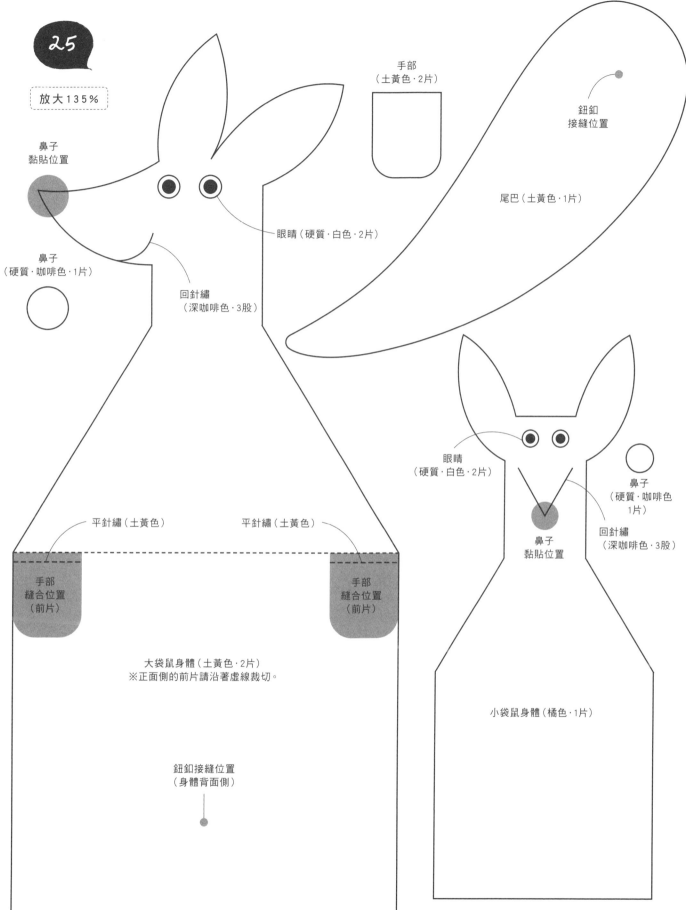

25

放大135%

鼻子
黏貼位置

鼻子
（硬質·咖啡色·1片）

手部
（土黃色·2片）

鈕釦
接縫位置

尾巴（土黃色·1片）

眼睛（硬質·白色·2片）

回針繡
（深咖啡色·3股）

眼睛
（硬質·白色·2片）

鼻子
（硬質·咖啡色
1片）

鼻子
黏貼位置

回針繡
（深咖啡色·3股）

平針繡（土黃色）

平針繡（土黃色）

手部
縫合位置
（前片）

手部
縫合位置
（前片）

大袋鼠身體（土黃色·2片）
※正面側的前片請沿著虛線裁切。

小袋鼠身體（橘色·1片）

鈕釦接縫位置
（身體背面側）

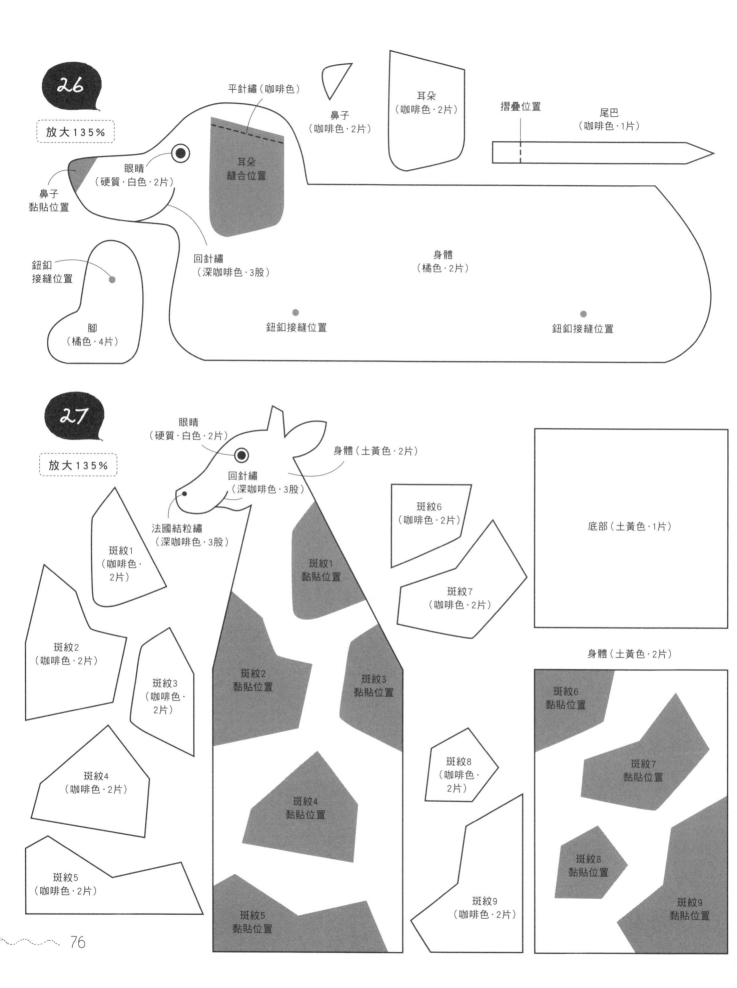

26

放大135%

平針繡（咖啡色）

鼻子
（咖啡色·2片）

耳朵
（咖啡色·2片）

摺疊位置

尾巴
（咖啡色·1片）

眼睛
（硬質·白色·2片）

耳朵
縫合位置

鼻子
黏貼位置

鈕釦
接縫位置

回針繡
（深咖啡色·3股）

身體
（橘色·2片）

腳
（橘色·4片）

鈕釦接縫位置

鈕釦接縫位置

27

放大135%

眼睛
（硬質·白色·2片）

身體（土黃色·2片）

回針繡
（深咖啡色·3股）

斑紋6
（咖啡色·2片）

底部（土黃色·1片）

法國結粒繡
（深咖啡色·3股）

斑紋1
（咖啡色·
2片）

斑紋1
黏貼位置

斑紋7
（咖啡色·2片）

斑紋2
（咖啡色·2片）

斑紋2
黏貼位置

斑紋3
黏貼位置

身體（土黃色·2片）

斑紋3
（咖啡色·
2片）

斑紋8
（咖啡色·
2片）

斑紋6
黏貼位置

斑紋4
（咖啡色·2片）

斑紋4
黏貼位置

斑紋7
黏貼位置

斑紋5
（咖啡色·2片）

斑紋8
黏貼位置

斑紋5
黏貼位置

斑紋9
（咖啡色·2片）

斑紋9
黏貼位置

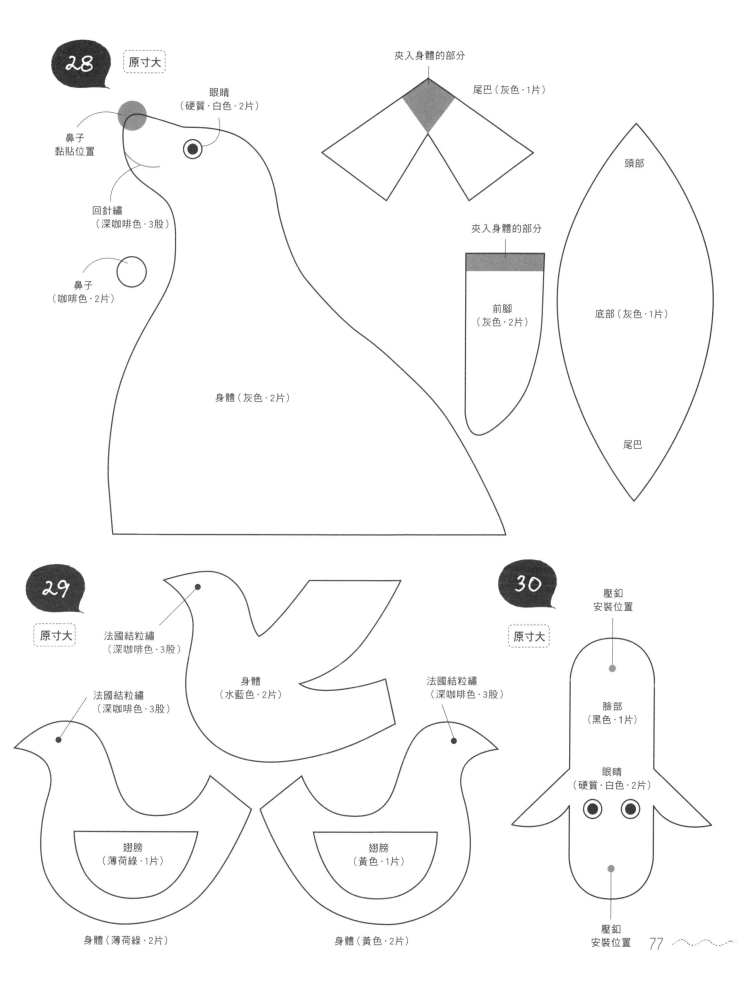

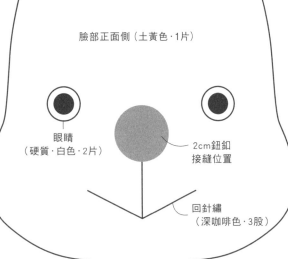

臉部正面側（土黃色·1片）

眼睛
（硬質·白色·2片）

2cm鈕釦
接縫位置

回針繡
（深咖啡色·3股）

剪出可以放入
鈕釦的切口。

臉部背面側
（土黃色·1片）

臉部正面側重疊部分

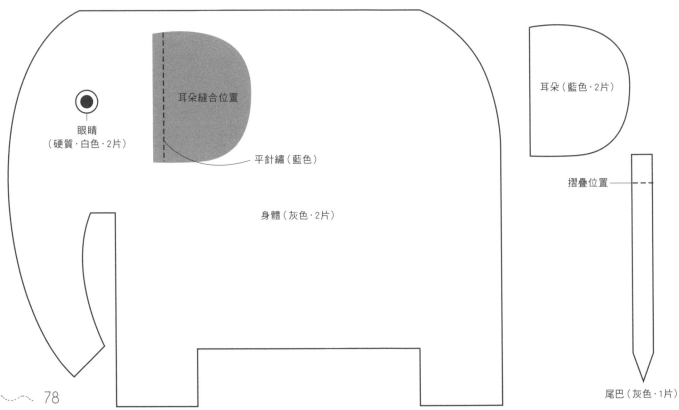

眼睛
（硬質·白色·2片）

耳朵縫合位置

平針繡（藍色）

身體（灰色·2片）

耳朵（藍色·2片）

摺疊位置

尾巴（灰色·1片）

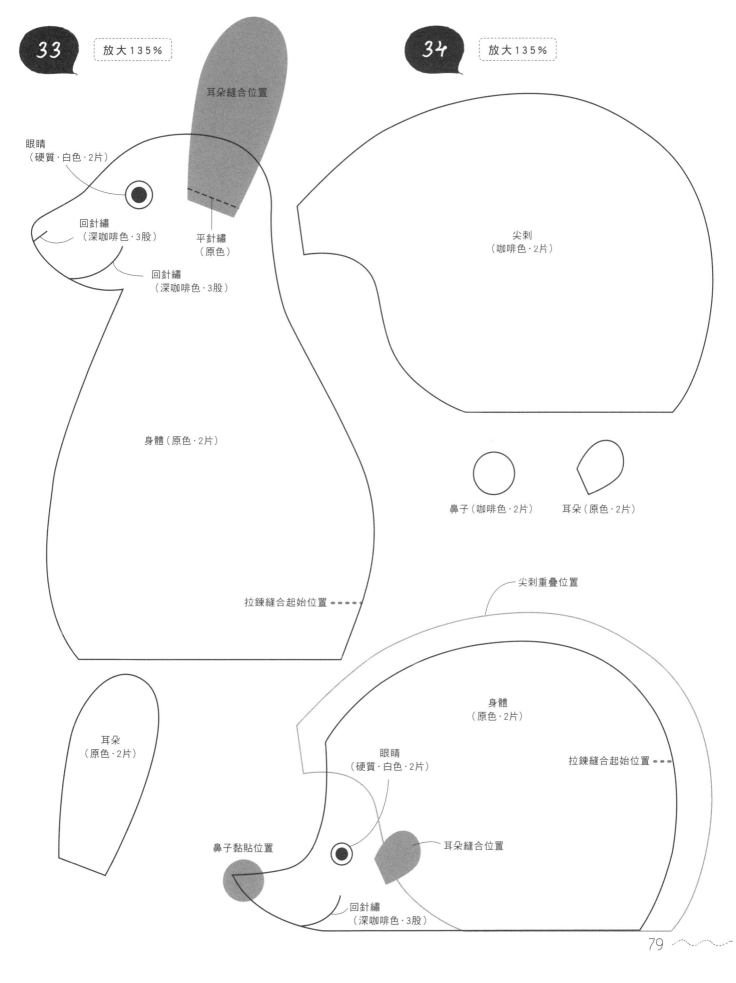

33　放大135%

耳朵縫合位置

眼睛
（硬質・白色・2片）

回針繡
（深咖啡色・3股）

平針繡
（原色）

回針繡
（深咖啡色・3股）

身體（原色・2片）

拉鍊縫合起始位置 - - - - -

耳朵
（原色・2片）

34　放大135%

尖刺
（咖啡色・2片）

鼻子（咖啡色・2片）　　耳朵（原色・2片）

尖刺重疊位置

身體
（原色・2片）

拉鍊縫合起始位置 - - -

眼睛
（硬質・白色・2片）

鼻子黏貼位置

耳朵縫合位置

回針繡
（深咖啡色・3股）

79

趣・手藝 76

手縫俏皮の不織布
動物造型小物

作　　者／やまもと ゆかり
譯　　者／簡子傑
發 行 人／詹慶和
總 編 輯／蔡麗玲
執行編輯／陳姿伶
編　　輯／蔡毓玲・劉蕙寧・黃璟安・李佳穎・李宛真
封面設計／韓欣恬
美術編輯／陳麗娜・周盈汝
內頁排版／鯨魚工作室
出 版 者／Elegant-Boutique新手作
發 行 者／悅智文化事業有限公司　郵政劃撥帳號／19452608
戶　　名／悅智文化事業有限公司
地　　址／220新北市板橋區板新路206號3樓
電　　話／(02)8952-4078　傳真／(02)8952-4084
網　　址／www.elegantbooks.com.tw
電子郵件／elegant.books@msa.hinet.net

2017年7月初版一刷　定價280元

Lady Boutique Series No.4271
FELT DE TSUKURU HONOBONO KAWAII DOBUTSU KOMONO
© 2016 Boutique-sha, Inc.
All rights reserved.
Original Japanese edition published in Japan by BOUTIQUE-SHA.
Chinese (in complex character) translation rights arranged with
BOUTIQUE-SHA.
through KEIO CULTURAL ENTERPRISE CO., LTD.

經銷／高見文化行銷股份有限公司
地址／新北市樹林區佳園路二段70-1號
電話／0800-055-365　傳真／(02)2668-6220

PLOFILE

やまもと ゆかり

現居福岡縣。
以手作不織布為重心，
將製作動物雜貨的樂趣融入日常生活中。
以「Zooz」為品牌代表，活躍於各手作坊＆展示會。
atelierzooz.com

STAFF

編　　輯／太田菜津美（STUDIO PORTO）
設　　計／田山円佳（STUDIO DUNK）
造　　型／露木 藍（STUDIO DUNK）
攝　　影／奧村暢欣・柴田愛子（STUDIO DUNK）
編輯統籌／丸山亮平
攝影協力／AWABEES・UTUWA

國家圖書館出版品預行編目(CIP)資料

手縫俏皮の不織布動物造型小物 / やまもと ゆかり著；
簡子傑譯.
-- 初版. -- 新北市：新手作出版：悅智文化發行, 2017.07
　面；　公分. -- (趣.手藝；76)
ISBN 978-986-94731-6-3(平裝)

1.手工藝

426.7　　　　　　　　　　　　　　　　　106009613

Elegantbooks
以閱讀，
享受幸福生活

雅書堂 EB 新手作
雅書堂文化事業有限公司
22070新北市板橋區板新路206號3樓
facebook 粉絲團:搜尋 雅書堂
部落格 http://elegantbooks2010.pixnet.net/blog
TEL:886-2-8952-4078 ・ FAX:886-2-8952-4084

動物系人氣手作！
DOGS ＆ CATS．可愛の掌心貓狗動物偶
須佐沙知子◎著
定價300元

初學者的第一本UV膠飾品教科書
從初學到進階！製作超人氣作品の完美小祕訣All in one！
熊崎堅一◎監修
定價350元

定土、麵包、拉麵、甜點、假真度100％！輕鬆作の微型樹脂土美食76道
ちょび子◎著
定價320元

全齡OK！親子同樂腦力遊戲完全版·趣味翻花繩大全集
主婦之友社◎授權
定價399元

牛奶盒作の美麗雜貨 設計60選
可愛的牛奶盒設計60選
BOUTIQUE-SHA◎授權
定價280元

CANDY COLOR TICKET
超可愛的糖果系透明樹脂×樹脂土甜點飾品
CANDY COLOR TICKET◎著
定價320元

原來是黏土！MARUGO的彩色多肉植物日記：自然素材·風格雜貨·造型盆器懶人在家也能作の經典多肉植物黏土
ZAKKA 27
丸子（MARUGO）◎著
定價350元

Rose window美麗&透光：玫瑰窗對稱剪紙
平田朝子◎著
定價280元

玩黏土·作陶器！可愛北歐風別針77選
BOUTIQUE-SHA◎授權
定價280元

New Open·開心玩！開一間超人氣の不織布甜點屋
堀內さゆり◎著
定價280元

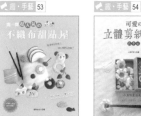
Paper·Flower·Gift：小清新生活美學·可愛の立體剪紙花飾四季帖
くまだまり◎著
定價280元

剪開信封輕鬆作紙雜貨
每日の趣味·剪開信封輕鬆作的N個可愛回收紙創作
宇田川一美◎著
定價280元

可愛限定！KIM'S 3D不織布動物遊樂園（暢銷精選版）
陳春金·KIM◎著
定價320元

家家酒開店指南·不織布の幸福料理日誌
BOUTIQUE-SHA◎授權
定價280元

花·葉·果實の立體刺繡書
以鐵絲勾勒輪廓·繡製出華麗色彩的立體花草
アトリエFil◎著
定價280元

黏土×環氧樹脂
袖珍食物＆微型店舖230選
黏土×環氧樹脂·袖珍食物＆微型店舖230選
Plus 11間商品街店舖造景教學
大野幸子◎著
定價350元

木器彩繪練習本
雜貨迷超愛的木器彩繪練習本
20位人氣作家×5大季節主題·一本學會愛上手
BOUTIQUE-SHA◎授權
定價350元

不織布Q手作：超萌狗狗總動員
不織布Q手作：超萌狗狗總動員！
陳春金·KIM◎著
定價350元

熱縮片飾品の世界
晶瑩剔透超美的！鎖片熱縮片飾品創作集
一本OK！完整學會熱縮片的著色·造型·應用技巧……
NanaAkua◎著
定價350元

開心玩黏土！MARUGO彩色多肉植物日記2
懶人派經典多肉植物&盆組小花園
丸子（MARUGO）◎著
定價350元

一學就會の立體浮雕刺繡可愛圖案集
Stumpwork基礎實作：填充物＋懸浮式技巧全圖解公開！
アトリエFil◎著
定價320元

陶土胸針＆造型小物
家用烤箱OK！一試就會作的陶土胸針&造型小物
BOUTIQUE-SHA◎授權
定價280元

從可愛小圖開始學縫十字繡
拉拉可愛小圖開始學縫十字繡數格子×玩填色×特色圖案900+
大圖まこと◎著
定價280元

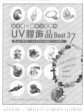
UV膠飾品Best 37
超萌紙·繽紛又可愛的UV膠飾品Best37：閃心玩×簡單作·手作女孩的加分飾品不NG初挑戰！
張家慧◎著
定價320元

刺繡人最愛的花草模樣手繡帖
清新·自然~刺繡人最愛的花草模樣手繡帖
點與線模樣製作所◎著
定價320元

軟QQ襪子娃娃
好想抱一下的軟QQ襪子娃娃
陳春金·KIM◎著
定價350元

袖珍屋の料理廚房：黏土作の迷你人氣甜點＆美食best82
ちょび子◎著
定價320元

可愛北歐風の小巾刺繡
可愛北歐風の小巾刺繡：47個簡單好作的日常小物
BOUTIQUE-SHA◎授權
定價280元

袖珍模型麵包雜貨
不能吃の~袖珍模型麵包雜貨：聞得到麵包香喔！不玩黏土·捏麵糰喔！
ぱんころもち·カリーノぱん◎合著
定價280元

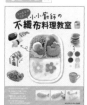
小小廚師の不織布料理教室
BOUTIQUE-SHA◎授權
定價300元

親手作寶貝の好可愛圍兜兜
基本款·外出款·時尚款·趣味款·功能款·穿搭變化一棒棒！
BOUTIQUE-SHA◎授權
定價320元